SABA's KITCHEN
萨巴厨房™

意面和比萨

萨巴蒂娜◎主编

中国轻工业出版社

卷首语

左手意面，右手比萨

我可以中午吃意面，晚上吃比萨，反过来也可以。

我最擅长做意面，我妹妹最擅长做比萨，于是我们经常搭伙吃，其乐融融。

我爱上了用老北京炸酱配意大利面的吃法，还特别热爱在红酱意面上撒大量的奶酪粉和四川酸豆角，而我妹妹喜欢烤榴莲比萨，她儿子特别爱吃，一个人可以吃一大角，吃完眉眼含笑，抱起来亲一口，小脸蛋儿香臭香臭的。

我在澳大利亚吃过世界上最好吃的白汁天使意面，金发碧眼的女招待妩媚地叫我Darling…

我在上海的菲仕乐学院餐厅吃过绝版的菠菜月牙素比萨，一个真实的烤炉，炉火熊熊，烤比萨的厨师，又帅又酷。

我家里永远有若干成包的种意面，也永远有鸡蛋和面粉，我随时可以自己做手工意面。

我甚至自己种植了甜罗勒，加上大东北的红松子与山东独头大蒜做罗勒酱。

我家里永远有若干种奶酪，方便我做比萨，能烤、能磨、能拉丝。

意面虽然还叫意面，但是还属于意大利吗？好吃的意面和比萨，属于全天下，尤其是热爱美食的中国人。

这本书，向可爱的意大利人致敬。

高欣茹

萨巴蒂娜
个人公众订阅号

萨巴小传：本名高欣茹。萨巴蒂娜是当时出道写美食书时用的笔名。曾主编过五十多本畅销美食图书，出版过小说《厨子的故事》，美食散文集《美味关系》。现任“萨巴厨房”主编。

目录 CONTENTS

计量单位对照表
1 茶匙固体材料 =5 克
1 汤匙固体材料 =15 克
1 茶匙液体材料 =5 毫升
1 汤匙液体材料 =15 毫升

简单比萨

进阶比萨

初步了解全书

为了确保菜谱的可操作性，

本书的每一道菜都经过我们试做、试吃，并且是现场烹饪后直接拍摄的。

本书每道食谱都有步骤图、烹饪秘籍、烹饪难度和烹饪时间的指引，确保你照着图书一步步操作便可以做出好吃的菜肴。但是具体用量和火候的把握也需要你经验的累积。

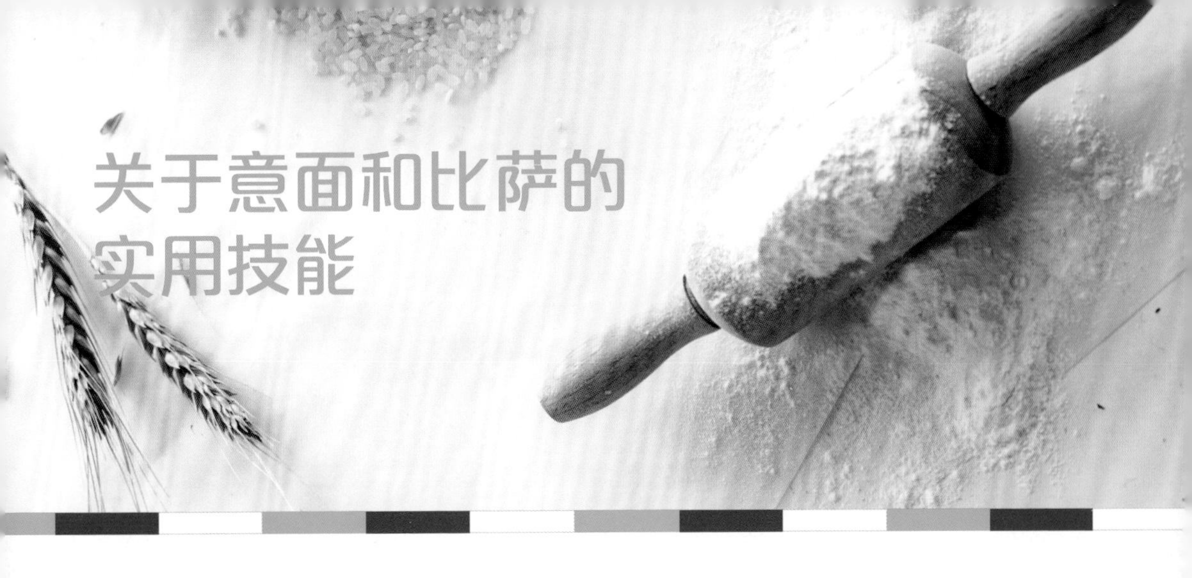

关于意面和比萨的实用技能

常见意大利面种类及介绍

圆直面（长形意大利面）

特征　最常见、最常使用的意面种类

搭配　番茄口味的酱汁

常见烹制方法　煮、炒制、凉拌、焗烤

成熟时间　7分钟左右

通心面

特征　体积较小、表面光滑，带有空心

搭配　因其不容易喧宾夺主，与任意食材、酱汁搭配均可

常见烹制方法　凉拌、焗烤

成熟时间　7分钟左右

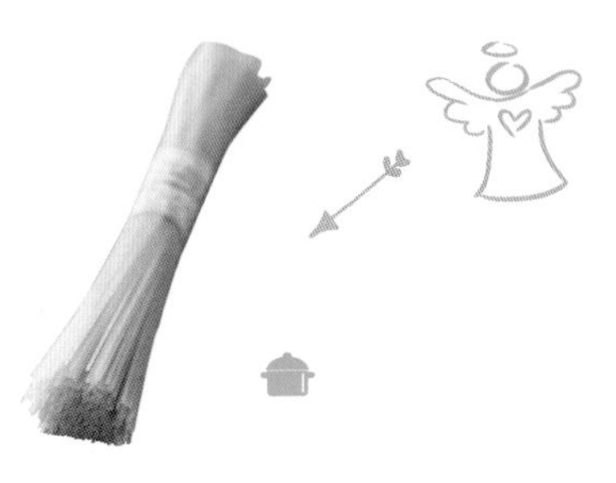

天使面

特征　细如发丝

搭配　清淡或者较稀的酱汁

常见烹制方法　煮，凉拌

成熟时间　5分钟左右

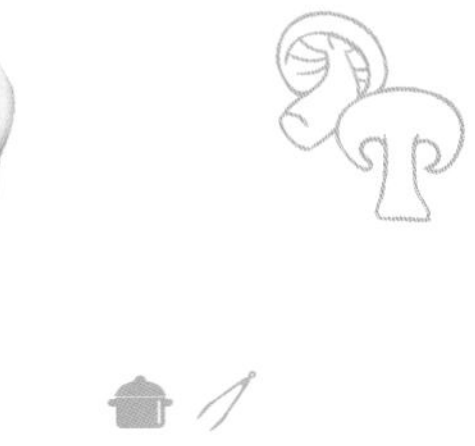

贝壳面

特征　形状细小，形似贝壳

搭配　与任意酱汁、食材搭配均可

常见烹制方法　凉拌、焗烤

成熟时间　8分钟左右

螺旋面

特征　形似螺旋状

搭配　浓郁的酱汁，例如白酱或者红酱

常见烹制方法　煮、焗烤、凉拌

成熟时间　7分钟左右

蝴蝶面

特征　两侧较为柔软，中间厚实，形似蝴蝶

搭配　各种形态不同的酱汁均可

常见烹制方法　凉拌、焗烤

成熟时间　7分钟左右

斜管面

特征　外表空心，切口像斜笔尖，表面有条纹

搭配　质地浓郁的酱汁

常见烹制方法　煮、焗烤

成熟时间　7分钟左右

宽扁面

特征　面条本身形态厚粗，口感弹牙有嚼劲

搭配　质地浓郁的酱汁，如青酱和白酱

常见烹制方法　煮、焗烤

成熟时间　7分钟左右

千层面

特征　长方形的面片

搭配　最常搭配肉酱

常见烹制方法　焗烤

成熟时间　5分钟左右

常用香料

西餐中的香料和中餐中的香料有很大差异，同样的食材，调料换了，风味会完全不同。新鲜的香料不太容易购买，而且价格比较昂贵。所以在本书菜谱中，为了方便普通家庭操作，可以直接选择市售现成的香草碎。虽然颜色和味道有一些差别，但是易于购买和保存。

罗勒

罗勒号称“香草之王”，和番茄的味道十分般配。它的用途广泛，味道清新，有点像丁香，意面酱或者比萨酱中多用的是甜罗勒，芳香味最佳。用新鲜罗勒、松子、大蒜和橄榄油混合而成的罗勒酱，就是经典的“青酱”。

迷迭香

带有特殊松木香的清甜味，甜中带微苦。它的个性极强，独特浓烈的香气与肉类搭配是最完美的，但是使用时一定要斟酌着来，用量过多会让香料的味道盖过食材本身的味道。

百里香

百里香多用于海鲜类食材搭配，可以去腥提鲜，香味持久，即使长时间烹调味道也不会减少。其在意大利菜肴中用的也较多，不容易抢夺其他食材的味道，会更好地提升食材的口味。

欧芹

气味清香，叶子形状漂亮，可以生吃，新鲜的叶子常用来做西餐沙拉配菜和最后的装饰。新鲜欧芹不能长时间加热，否则会破坏其香味。市售欧芹碎经过脱水处理后，香味更加浓郁，非常适合用在意大利面中。

意大利混合香草

通常是用干燥的牛至叶、罗勒、迷迭香和百里香按照一定比例调配在一起，不管是做意面还是比萨，都可以放一点，因为香料种类多，而且比例已经调配好，很适合烹饪新手。

大蒜粉、洋葱粉

做意面或者比萨，加上1茶匙的大蒜粉或者洋葱粉，菜品的风味会得到大大的提升。

黑胡椒碎

这是西餐中最常见的调料，用途广泛的程度和中餐中的白胡椒粉一样。其香味浓郁，上桌前撒在食物表面还可以作为装饰。

常用油脂

淡奶油

淡奶油就是奶油蛋糕上的奶油，在被高速打发之前就是浓稠的液体。在白酱中加入淡奶油会使酱料的奶香味更加浓郁。淡奶油开封后容易变质，尽量购买小包装的，如果开封后一次没用完要尽快放入冰箱中冷藏。

黄油

相较于植物油，黄油的奶味更重，煎牛排或者制作意面酱都会特别香。黄油的烟点低，很容易烧焦，在使用时一般在融化之后就要下食材煎炒。

橄榄油

橄榄油带有橄榄果实的清香，是西餐中常用的植物油，营养价值高，适合人体吸收。意面煮好后有时要淋入橄榄油搅拌，以防粘在一起。

常用奶酪

马苏里拉奶酪

特征　属于淡味奶酪，色泽纯白、组织有弹性、能拉丝，融化后依然能有黏腻、浓稠的特性

常见用途　制作比萨或者焗烤类食物

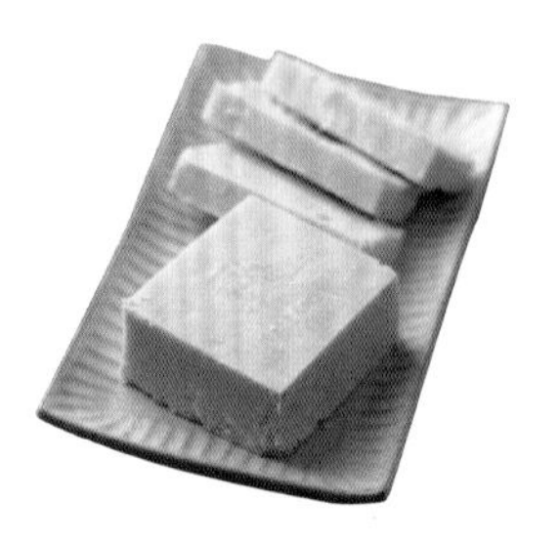

切达奶酪

特征　质地柔软、外皮呈现橘红色、味道浓厚

常见用途　搭配肉类比萨比较多

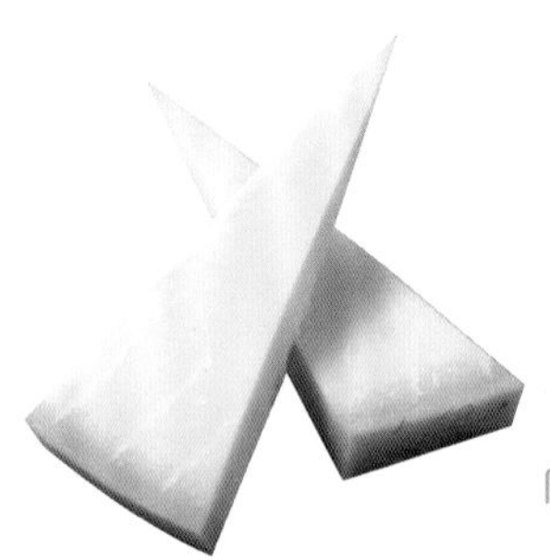

帕玛森奶酪

特征　口感稍硬，有浓郁的干果香，类似嚼蜡的质感

常见用途　撒在做好的比萨表面，增加风味

高熔点奶酪

特征　熔点高，加热后不会融化，依然能保持原形

常见用途　用于制作卷心比萨的外圈

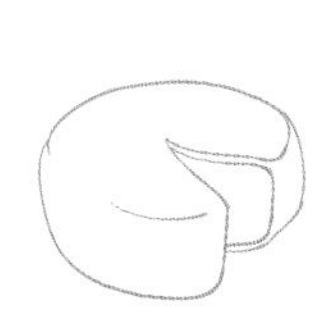

奶油奶酪

特征　质地松软，遇热会融化，奶香浓郁

常见用途　通常用在比萨的夹心饼皮中

常用意面酱及做法

主料

新鲜熟透的番茄1000克

辅料

大蒜1/2头 | 洋葱100克 | 橄榄油1汤匙 | 白糖1汤匙
盐1茶匙 | 黑胡椒粉2茶匙 | 意大利混合香草适量

烹饪秘籍

1. 番茄一定要选择新鲜红透、表皮发软的那种，才会味甜多汁，这是红酱是否成功的关键。
2. 基础红酱每次可以多熬制一些，放凉后密封冷藏，可以保存两三个月，做比萨时也可以作为打底酱料来使用。

做法

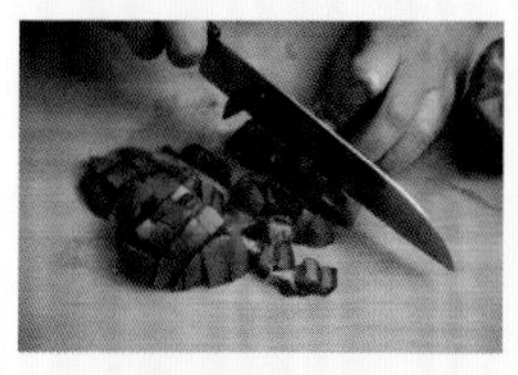

1 将番茄清洗干净，去掉蒂，切成块状；洋葱和大蒜去皮，切成丁备用。

2 将切好的番茄放入料理机中，连同汁水一起打碎成泥。

3 将洋葱、蒜丁冷油下锅，中火煸炒出香味，倒入打碎的番茄泥，搅拌均匀。

4 接着加入盐、白糖和黑胡椒粉，搅拌均匀。

5 大火煮开后转小火慢慢熬制，大约30分钟后熬至酱汁浓稠。

6 加入适量意大利混合香草，翻拌均匀，晾凉后盛出，装入密封无水容器中即可。

奶油白酱

主料

黄油80克 | 淡奶油200克 | 口蘑50克

辅料

面粉80克 | 盐适量 | 洋葱100克 | 西芹2根
黑胡椒碎少许 | 大蒜4瓣

烹饪秘籍

此酱若想熬制成功，火候至关重要，因为黄油的烟点很低，所以在融化时一定要全程用小火。

做法

1 将洋葱洗净，去掉根部，切成丁；西芹去掉叶子和根部，切丁。

2 大蒜去皮，洗净，切丁；口蘑洗净，切成小丁备用。

3 起锅开最小火，放入黄油加热至融化。

4 加入面粉，不停搅拌，直至和黄油完全混合，没有任何颗粒。

5 一点点倒入淡奶油，再放入口蘑丁，不停搅拌，这期间要一直用小火加热。

6 在酱汁快要变浓稠时，加入西芹碎、洋葱丁和大蒜丁，继续用小火加热搅拌。

7 待锅中食材完全软烂时，撒入盐和黑胡椒碎，搅拌均匀即可。

黑胡椒酱

主料

黑胡椒粉20克 | 黄油20克 | 洋葱50克 | 大蒜1头

辅料

番茄酱130克 | 蚝油1汤匙 | 白糖25克 | 盐10克

要不停地翻炒，并且全程都开最小火，防止煳锅。

做法

1 洋葱洗净，切成末；大蒜去皮、切末备用。

2 炒锅加热，放入黄油，融化后下入洋葱末和蒜末，小火煸炒出香味。

3 接着加入黑胡椒粉，炒出香味。

4 加入番茄酱，开最小火翻炒至酱汁微微冒泡，然后加入适量清水烧开。

5 加入蚝油、白糖和盐进行调味，不断小火翻炒，最后略微收汁即可。

经典肉酱

主料

牛肉末200克 | 猪肉末200克 | 红酱150克 | 洋葱1个
西芹150克 | 胡萝卜1根

辅料

橄榄油2汤匙 | 大蒜1头 | 红酒70毫升
黑胡椒碎10克 | 意大利混合香料8克 | 鸡精1/2茶匙
盐1茶匙

烹饪秘籍

1. 肉酱可以一次性多做一些，待肉酱完全冷却后装入瓶中，入冰箱冷冻保存即可。
2. 肉酱里面的蔬菜可以根据自己的喜好更换，芹菜替换成口蘑也是可以的。

做法

1 将洋葱洗净、切末；胡萝卜洗净，剁成胡萝卜碎；西芹去根，洗净，剁碎；大蒜去皮，切成蒜粒。

2 取一口稍微深一点的锅加热，倒入橄榄油，放入蒜粒小火炒出香味。

3 接着加入洋葱末炒至软化，再放入西芹碎和胡萝卜碎炒软，盛出备用。

4 锅中留底油，烧热后加入牛肉末和猪肉末翻炒至肉完全变色。

5 倒入炒好的西芹碎和胡萝卜碎，翻炒均匀，接着加入红酱、红酒，继续小火翻炒5分钟。

6 倒入500毫升清水，开小火熬煮至汤汁黏稠。

7 最后加入黑胡椒碎、鸡精、盐和意大利混合香料，搅拌均匀即可。

黄金咖喱酱

主料

咖喱块100克｜洋葱1个｜牛奶300毫升

辅料

椰浆50毫升｜橄榄油2茶匙｜土豆淀粉10克

做法

1 将洋葱洗净，切成丁；土豆淀粉加入适量清水调匀备用。

2 起锅倒入橄榄油，下入洋葱末炒出香味。

3 接着倒入牛奶和椰浆，下入咖喱块，小火不断翻炒，至咖喱块溶化。

4 加入水淀粉，小火熬煮至酱汁浓稠即可。

烹饪秘籍

牛奶最好选择全脂的，这样熬出来的酱香味会更浓郁；要不停地用勺子搅拌锅底，并且全程都开最小火，防止煳锅。

罗勒青酱

主料

罗勒50克｜原味松子30克｜橄榄油100毫升

辅料

意大利混合香料10克｜帕玛森奶酪80克｜大蒜2瓣
盐适量

烹饪秘籍

青酱在冰箱冷藏的保质期大概为两个月。

做法

1 将罗勒叶冲洗干净，沥干水分。大蒜去皮后切粒。

2 将所有食材放入料理机中，加100毫升清水，搅打均匀，装入容器中即可。

泰式酸辣酱

主料

朝天椒10个 | 橄榄油20毫升 | 鱼露20毫升

辅料

白醋4汤匙 | 蒜末20克 | 姜末20克 | 香菜末10克
白糖20克 | 盐适量 | 柠檬汁适量

烹饪秘籍

这道酱料中白糖的量要加得多一些，感觉辣味的比重不是太多就可以了。

做法

1 朝天椒洗净，切成碎末。

2 将朝天椒末和其他所有材料搅拌均匀即可使用。

莎莎酱

主料

洋葱末50克 | 白糖1汤匙 | 番茄丁150克
番茄酱1汤匙 | 柠檬汁1汤匙 | 小米椒粒1汤匙

烹饪秘籍

番茄尽量选择熟透的，这样的番茄水分更多，味道会更浓郁。

做法

将所有材料放入碗中，混合拌匀即可使用。

墨西哥风情辣酱

主料

辣椒酱4茶匙 | 鱼露1汤匙 | 姜末20克 | 蒜末20克

辅料

盐适量 | 白糖适量 | 酸黄瓜末适量 | 黑胡椒碎适量

烹饪秘籍

酸黄瓜可以直接选择超市中售卖的俄式小黄瓜，此款酱汁做好后放入冰箱中冷藏味道更佳。

做法

1 取一小碗，放入辣椒酱和鱼露，搅拌均匀。

2 再放入剩下材料，搅拌均匀即可使用。

法式芥末奶油酱

主料

第戎芥末酱40克

辅料

橄榄油40毫升 | 柠檬2个 | 蜂蜜2汤匙 | 白酱2汤匙

烹饪秘籍

这款酱汁可以根据自己的喜好来调配比例，如果喜欢芥末味浓重一些，那就适当减少白酱的用量，增加芥末酱的用量即可。

做法

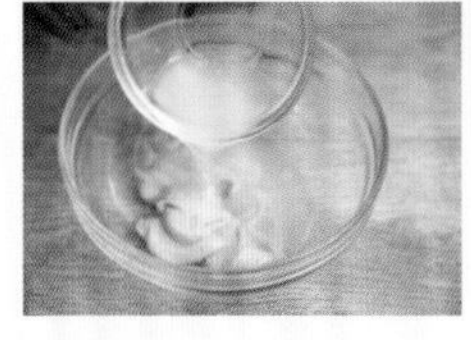

1 将柠檬的汁挤入第戎芥末酱中，搅拌均匀。

2 再加入橄榄油、蜂蜜和白酱，搅拌均匀即可使用。

厚底比萨皮

主料

高筋面粉500克

辅料

黄油30克｜橄榄油少许｜酵母粉5克｜牛奶200毫升
鸡蛋液100克｜盐5克

烹饪秘籍

1. 用牛奶代替水来和面，可以使面团的口感更加松软。
2. 剩下的面团可以压成面皮，放入烤箱中上下火190℃烘烤5分钟，取出后晾凉，用保鲜袋包好，放入冷冻室中保存。下次使用时直接拿出，不需解冻，直接铺料即可。

做法

1 将黄油切成小颗粒状，放入碗中，室温下融化；酵母粉倒入50毫升温水中拌匀，备用。

2 将面粉过筛，筛入盆中，再于面粉堆中间挖出一个洞。

3 将鸡蛋液中加入盐，搅拌均匀，倒入面粉洞中，再依序倒入橄榄油和酵母水。

4 将黄油倒入面粉盆中，再倒入牛奶。

5 将盆中所有的材料混合均匀成团，用手揉至面团表面呈光滑状。

6 将搅拌好的面团盖上保鲜膜，松弛醒发，发酵至面团原本的两倍大小。

7 将醒发好的面团充分揉匀，排出空气，分割成四份，再盖上保鲜膜继续发酵10分钟。

8 在比萨盘中刷少许橄榄油，将醒发好的面团放在盘中，用手压成圆饼状，借助叉子在面皮上戳上小洞即可。

薄脆比萨皮

主料

高筋面粉500克

辅料

橄榄油15毫升 | 酵母粉6克 | 盐5克 | 白糖5克

烹饪秘籍

和面时要注意盐和酵母分开放，因为盐会杀死一部分酵母，影响发酵效果。

做法

1 将酵母粉倒入100毫升温水中搅拌均匀，再加入白糖，化开备用。

2 将面粉过筛，筛入盆中，再于面粉堆中间挖出一个洞。

3 在面粉洞中依次加入盐、橄榄油、酵母水和150毫升温水。

4 将盆中所有材料混合均匀成团，用手揉至面团表面呈光滑状。

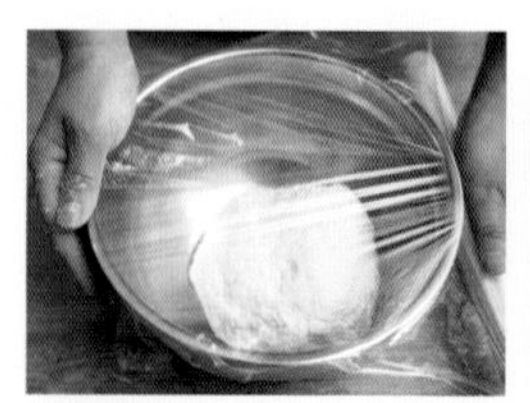

5 将搅拌好的面团盖上保鲜膜，松弛醒发，发酵至面团原本的两倍大小。

6 将醒发好的面团充分揉匀，排出空气，分割成四份，再盖上保鲜膜，继续发酵10分钟。

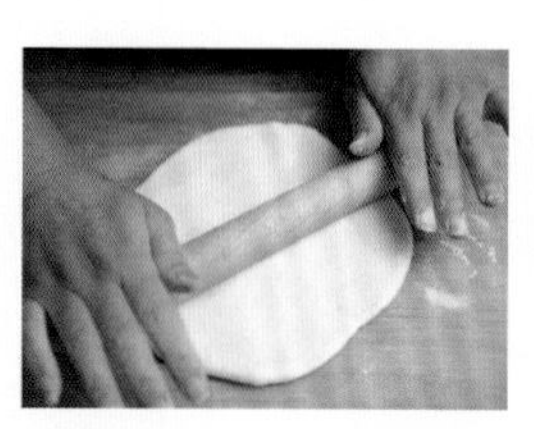

7 案板上撒少许面粉，将醒发好的面团放在案板上，借助擀面杖将面团擀成自己想要的厚度。

8 用叉子在擀好的面皮上戳出小洞即可。

芝心比萨皮

主料

新鲜厚底比萨皮1张｜奶酪条75克

烹饪秘籍

饼底边缘适当拉伸就可以，要注意力度，不要扯得过多，否则卷了奶酪条后会露出来。

做法

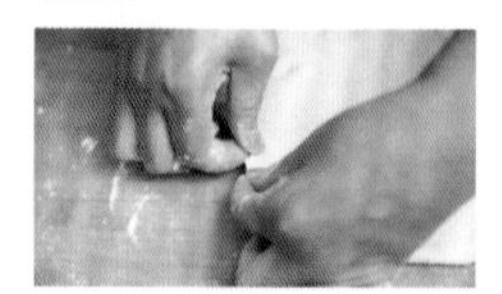

1 将刚做好的厚底比萨皮边缘适当拉伸。

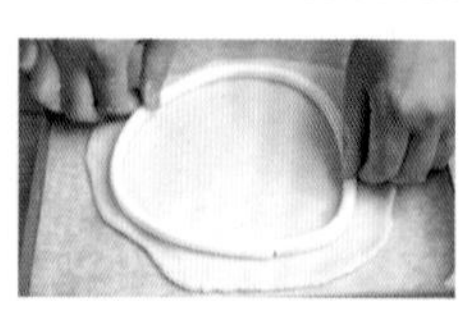

2 将奶酪条首尾相接连成一圈，摆在比萨皮边缘。

3 将饼边裹上奶酪条，再压紧即可。

奶酪卷心比萨皮

主料

新鲜厚底比萨皮1张｜高熔点奶酪200克

烹饪秘籍

制作卷心比萨皮要用高熔点奶酪，因为高熔点奶酪耐高温，会更好地保持形状。

做法

1 取一张刚做好的比萨皮，将边缘卷入高熔点奶酪块。

2 用蛋糕分割器从比萨皮上方压下，令比萨皮呈现出12等份的压线。

3 再将比萨皮卷起的边缘用刀将每一等份切分成2等份，共切成24等份。

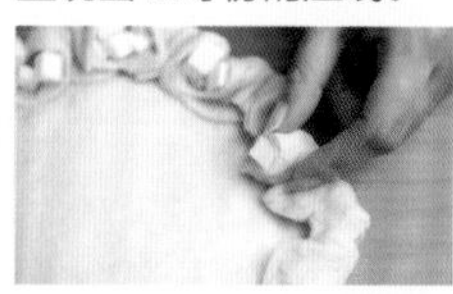

4 依序将切好的外围奶酪卷拉起并转成垂直状即可。

简单意面

偶尔的犒赏

黑椒牛柳意面

30分钟　简单

特色

黑胡椒和牛肉简直是一对超级完美的搭档，很多人都吃过最经典的黑椒牛排，但是以意面的形式来演绎，也没什么不可以，口味不变，口感更有层次，这大概就是烹饪的魅力。

主料

圆直面150克 | 牛里脊肉200克

辅料

洋葱100克 | 胡萝卜80克 | 青椒50克
红椒50克 | 大蒜4瓣 | 料酒1汤匙 | 淀粉2茶匙
黑胡椒粉1茶匙 | 鸡精1茶匙 | 食用油1汤匙
橄榄油适量 | 黑胡椒酱2汤匙

做法见P17

做法

1 将牛里脊肉清洗干净，切成4厘米长的条，放入碗中。

2 碗中加入料酒和淀粉、黑胡椒粉，同牛肉一起抓拌均匀，腌制10分钟。

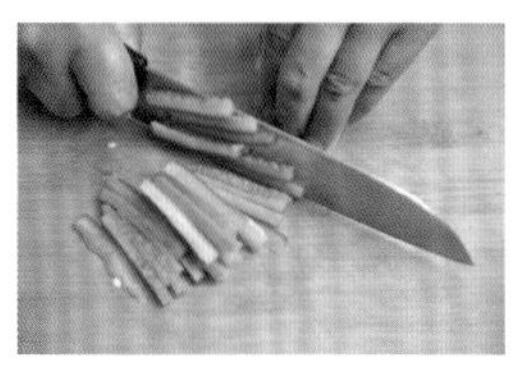

3 洋葱洗净，切成细丝；胡萝卜洗净，切成和牛肉匹配的细条；青、红椒洗净，切成细条；大蒜去皮，切成粒。

4 锅中加入适量水烧开，下入圆直面，煮熟后捞出，拌入橄榄油防止粘连。

5 炒锅加热，倒入食用油，油温升至五成热时，下入牛肉滑炒，中火炒至牛肉完全发白。

6 下入蒜粒继续煸炒出香味，接着加入洋葱丝、胡萝卜丝、青红椒丝大火炒至断生。

7 放入煮好的圆直面，倒入黑胡椒酱，快速翻拌均匀。

8 加入鸡精调味，即可出锅食用。

烹饪秘籍

不同品牌的黑胡椒酱口味多少都会有一些差异，所以具体用量要根据个人的口味来，本道菜谱中用的黑胡椒酱是自制的（制作方法详见17页），口味稍咸，所以不需要再额外添加盐了。

一整盘阳光

南瓜牛肉面

40分钟 简单

特色

南瓜含有丰富的微量元素，需要控制血糖的人群，经常食用南瓜会大有益处。它给人一种温暖厚重的感觉，浓浓的质地配上肉类或者主食，就能凑成一顿营养又美味的饭了。

主料

螺旋意面150克 | 南瓜150克 | 牛里脊100克

辅料

胡椒粉1/2茶匙 | 淀粉1/2茶匙 | 料酒1汤匙
橄榄油1汤匙 | 大蒜5瓣 | 生抽1汤匙 | 青豆100克
鸡精1/2茶匙 | 盐1/2茶匙 | 黑胡椒碎少许
香菜叶少许

做法

1 南瓜去皮，去子，切成片，放入蒸锅中，加热到南瓜柔软。

2 将牛里脊洗净，顺着纹路切成薄片，放入碗中，加入胡椒粉、淀粉和料酒，抓拌均匀，腌制20分钟。

3 青豆清洗干净，放入碗中；大蒜去皮，切成小粒，备用。

4 螺旋面放入沸水中，煮到九成熟，捞出沥干水分，淋少许橄榄油搅拌均匀备用。

5 起锅烧热，锅中倒入橄榄油，下入蒜粒爆香。

6 下入牛肉片，大火煸炒至牛肉完全变色，接着加入生抽和青豆，炒至青豆断生。

7 接着加入煮好的螺旋面和南瓜片，翻炒均匀。

8 加入盐和鸡精调味，盛出装盘，撒入黑胡椒碎，点缀上香菜叶，即可食用。

烹饪秘籍

炒牛肉时一定要用大火，可以迅速将牛肉表面的汤汁锁住，牛肉吃起来的口感更加滑嫩。

源自南美的灵感

墨西哥牛肉面

40分钟　简单

特色

墨西哥是一个热情似火的国家，正如这道菜品一样。在家里怎样才能快速做出一道墨西哥风情料理呢？不用太正宗，借助其中一个关键食材：墨西哥辣酱，就已经让菜品成功一半了。

主料

宽扁面150克｜牛里脊肉100克

辅料

蛋清1个｜淀粉1茶匙｜料酒1汤匙｜白胡椒粉1/2茶匙
橄榄油1汤匙｜小米椒2个｜大蒜5瓣｜胡萝卜80克
西芹50克｜白糖1/2茶匙｜盐1/2茶匙
鸡精1/2茶匙｜墨西哥风情辣酱20克｜黑胡椒碎少许

做法见P21

烹饪秘籍

如果喜欢酱汁浓稠一点的，可以在炒料时适当加入少许水淀粉。

做法

1 将牛里脊肉清洗干净，顺着纹路切成薄片，放入碗中。

2 碗中加入蛋清、淀粉、料酒和白胡椒粉，同牛肉一起抓拌均匀，腌制20分钟备用。

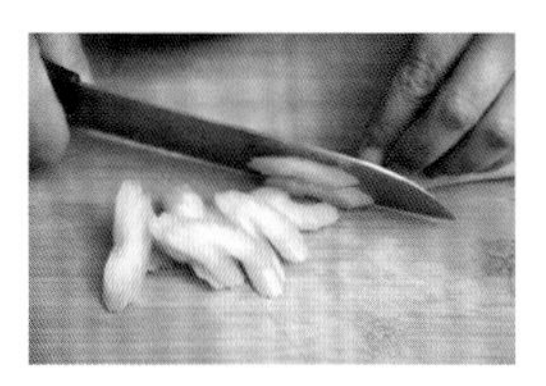

3 胡萝卜洗净，改刀切成棱形片；西芹洗净，斜切成小段；小米椒洗净、切粒；大蒜去皮后切末，备用。

4 起锅烧沸水，将面条下入锅中，煮至成熟后捞出，沥干后淋少许橄榄油拌匀，防止粘连。

5 另起一锅，锅烧热后加入橄榄油，下入腌好的牛肉片迅速滑炒至肉色发白。

6 接着下入大蒜粒和小米椒粒，炒出香味。

7 接着加入胡萝卜片、西芹段、辣酱和白糖，翻炒均匀，炒至蔬菜断生。

8 加入煮熟的面条，翻拌均匀，最后用盐和鸡精调味。盛出装盘，撒少许黑胡椒碎，即可食用。

吃得饱又吃得好

青豆牛肉意面

40分钟　中等

特色

腌制过的牛肉肉质鲜嫩，烹饪起来极为方便，和它的“相好”黑胡椒汁搭配在一起，大大提高了这道菜肴的成功率。佐以维生素含量丰富的青豆，要做个意面高手其实很容易！

主料

圆直面150克｜牛里脊肉100克｜紫色洋葱50克
青豆50克

辅料

胡萝卜50克｜橄榄油10克｜黑胡椒汁50克
料酒1茶匙｜盐少许

做法

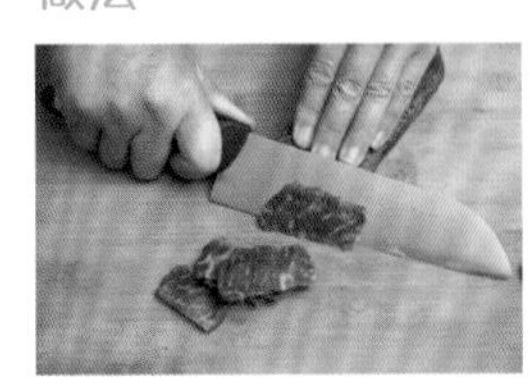

1 将牛里脊肉洗净，切成薄片，加入1茶匙料酒腌制10分钟。胡萝卜洗净，切成和豌豆同样大小的丁，备用。

2 紫洋葱洗净、去皮，切成细丝，撒少许盐腌渍备用。

3 锅中加入适量清水烧开，下入意面煮熟后捞出，沥干水分，淋少许橄榄油拌匀备用。

4 另起一锅烧热，倒入橄榄油，把腌渍好的牛肉倒入，大火翻炒。

5 牛肉炒熟后，加入黑胡椒汁，翻炒片刻，关火备用。

6 继续烧开煮过意面的水，水沸腾后放入青豆和胡萝卜丁汆烫1分钟，捞出沥干备用。

7 将煮好的意面铺在盘底，中间留空，摆放上洋葱丝。

8 将黑椒牛肉连同汤汁浇在意面上，点缀上煮好的青豆和胡萝卜丁，即可食用。

烹饪秘籍

牛肉要尽量切得薄一些，可以先冷冻1小时后再切会很容易。

真爱粉的选择

金枪鱼茄汁面

40分钟　简单

特色

金枪鱼是我真正喜欢的一种食物，在各类食物中看到真爱的影子都会忍不住去优先尝试。金枪鱼罐头是熟的，就算再嫌麻烦的美厨娘也能迅速做出一道好吃的意面。

主料

意大利宽面150克 | 金枪鱼罐头1罐 | 大蒜1头
圣女果100克

辅料

番茄酱1汤匙 | 奶酪粉2汤匙 | 绵白糖1茶匙
生抽2茶匙 | 黑胡椒碎少许 | 干欧芹碎少许
橄榄油10克 | 红酱1汤匙

做法见P15

烹饪秘籍

熬酱时要酌情加水，最后煮好的酱应该是黏稠能挂到面条上的。

做法

1 圣女果洗净，切成小丁，汤汁也保留；金枪鱼肉从罐头中取出，沥干待用；大蒜去皮，切成小粒，备用。

2 起锅烧热，锅中加入橄榄油，放入蒜粒炒出香味。

3 圣女果丁连同汤汁一起倒入锅中，将圣女果丁炒软。

4 放入番茄酱、红酱、生抽、白糖、奶酪粉，翻炒均匀。

5 放入金枪鱼和黑胡椒碎，将金枪鱼炒碎，加小半碗水，烧开后关火。

6 另起一个汤锅，水沸腾后放入意大利面，煮至九成熟，捞出。

7 直接将意大利面放进炒酱的锅中，重新开火，煮至汤汁黏稠。

8 将煮好的意大利面盛入盘子中，表面撒入干欧芹碎，即可食用。

熟吃更健康

白酱三文鱼面

30分钟　简单

特色

提到三文鱼，最常见的吃法就是搭配芥末酱油生吃，但是生吃还是有安全隐患的。加热后的三文鱼其实也很美味，和白酱搭配在一起，在原有鲜甜的基础上，又增加了浓浓的奶香。

主料

圆直面120克｜三文鱼肉120克

辅料

白胡椒粉1/2茶匙｜柠檬片4片｜橄榄油1汤匙
洋葱50克｜青豆50克｜黑胡椒碎少许
鸡精1/2茶匙｜白酱2汤匙｜盐1/2茶匙

做法见P16

烹饪秘籍

三文鱼很容易成熟，在滑炒时要记得轻轻炒就可以，尽可能保持鱼肉的完整性。

做法

1 将三文鱼清洗干净，改刀切成边长2厘米的块，放入碗中。

2 碗中加入白胡椒粉和柠檬片，同三文鱼块抓匀，腌制10分钟，备用。

3 将青豆清洗干净，洋葱洗净后切成丁，备用。

4 烧一锅开水，水沸腾后下入圆直面煮熟，捞出沥干水分，淋少许橄榄油拌匀，备用。

5 另起一锅，锅中倒入橄榄油，下入洋葱丁，小火煸炒出香味。

6 下入青豆翻炒至断生，接着加入三文鱼块，快速滑炒至肉变色。

7 接着加入白酱和黑胡椒碎，加入圆直面，翻炒均匀。

8 最后加入盐和鸡精进行调味，即可出锅装盘食用。

鱼虾大团聚

什锦海鲜意面

20分钟 简单

特色

谁说享用意面类的菜肴就避免不了高热量？只要动动心思换一种演绎方式，就是一道非常适合在减肥期间吃的美味，既能品尝到各类口感不同的海鲜，又不用担心热量超标。

主料

笔管面150克｜速冻虾仁100克｜速冻墨鱼圈80克
速冻鲜贝80克

辅料

生姜4片｜料酒1汤匙｜大蒜6瓣｜小米椒3个
生抽25克｜白醋1汤匙｜胡椒粉1/2茶匙
白糖5克｜橄榄油2茶匙｜黑橄榄3颗
香菜末适量

烹饪秘籍

海鲜类食物味道虽然鲜美，但不可避免地会带有腥味，氽烫时在水中加入生姜片和料酒，可以很好地去掉海鲜的腥味。

做法

1 大蒜去皮洗净，切成粒；小米椒洗净，切成粒；黑橄榄切片，放入碗中备用。

2 锅中加入适量水、生姜片和料酒，大火烧开。

3 将虾仁、墨鱼圈和鲜贝一同放入水中，氽烫成熟，捞出后沥干水分备用。

4 将锅中的水倒掉，洗净，重新加入适量清水，大火煮沸，下入笔管面，煮至完全成熟。

5 将成熟的笔管面放在凉开水中降温，然后捞起沥干水分，放入碗中，备用。

6 将虾仁、墨鱼圈和鲜贝放入装有笔管面的碗中。

7 接着倒入蒜粒、小米椒粒、生抽、白醋、胡椒粉和白糖。

8 倒入橄榄油，将碗中所有食材搅拌均匀，撒上香菜末，加黑橄榄片进行点缀，即可食用。

深海的恩赐

蛤蜊墨鱼面

35分钟　简单

特色

墨鱼汁制作出来的意面，颜色和口味都很特别，佐以蛤蜊和白葡萄酒，一道寻常的意面又被增添了几分异国风味。

主料

墨鱼面150克｜蛤蜊200克

辅料

紫洋葱50克｜大蒜5瓣｜小米椒3个
白葡萄酒2汤匙｜西芹碎20克｜橄榄油2汤匙
香油1茶匙｜盐2茶匙

做法

1 蛤蜊洗净，放入加了1茶匙盐和香油的冷水中浸泡2小时，这是为了令蛤蜊将沙子吐干净。

2 将洋葱洗净，切成粒；大蒜洗净，切粒；小米椒洗净，切粒，备用。

3 锅中加入适量清水，大火烧开，下入墨鱼面，煮至成熟后捞出，淋少许橄榄油拌匀防粘，备用。

4 另起一炒锅加热，倒入橄榄油，下入洋葱粒、蒜粒和小米椒粒，小火煸炒出香味。

5 下入冲洗干净的蛤蜊，翻炒，随后倒入白葡萄酒，盖上锅盖焖至蛤蜊壳张开。

6 掀开锅盖，大火将汤汁收至微干。接着加入煮好的墨鱼面，搅拌均匀。

7 加入1茶匙盐进行调味，将意面盛出装盘。

8 撒入西芹碎，即可食用。

烹饪秘籍

1. 白葡萄酒可以很好地去掉蛤蜊的腥气，同时还能给这道意面增加一番别致的风味。
2. 蛤蜊自身带有水分，在煮的过程中一定要将汤汁收至微干，这样才不会影响意面的口感。

惬意的阳光

香橙虾仁冷面

25分钟　简单

特色

酸酸甜甜的橙汁，与口感鲜嫩的虾仁，再搭配吃起来爽脆的西瓜，仿佛是把整个夏天都装进了餐盘中。凉拌做法最大限度保留了食材的原汁原味，热量极低，享受美味的同时也不用担心发胖。

主料

水管面150克｜新鲜大虾150克

辅料

料酒1汤匙｜生姜4片｜西瓜果肉50克｜黄瓜50克
黄椒50克｜鲜榨橙汁30毫升｜橄榄油10毫升
盐1/2茶匙｜鸡精1/2茶匙｜白胡椒粉1/2茶匙
意大利混合香料1茶匙

烹饪秘籍

这是一道冷吃的意面，橙汁的加入可以给其带来酸爽的口感，如果没有鲜榨橙汁，可以用35克的油醋汁替代，橄榄油就不需要再加了。

做法

1 将大虾洗净，开背，去头，去壳，去虾线，尾巴可以不用剥掉。

2 西瓜果肉切成1厘米的小丁；黄瓜洗净，切成小丁；黄椒洗净，切成小丁，备用。

3 起锅烧开水，下入水管面煮熟，捞出放入冷开水中浸凉。

4 在煮意面的水中加入料酒和生姜片，继续煮虾仁。

5 将煮熟的虾仁捞出，用水冲洗后沥干，放入碗中，备用。

6 将煮好的意面沥干水分，放入装有虾仁的碗中。

7 接着加入西瓜丁、黄瓜丁和黄椒丁。

8 倒入橙汁和橄榄油，加入盐、鸡精、白胡椒粉和意大利混合香料，搅拌均匀即可食用。

美妙的融合

鲜虾芦笋面

30分钟　简单

特色

有人喜欢吃酱汁浓郁的意面，也有人喜欢吃清淡爽口无负担的意面，那不妨试一下这道料理吧，颜色透亮，吃着口感清爽无负担，最简单的调料才可以最大限度激发出食材本身的鲜甜。

主料

大虾150克 | 意大利扁面150克 | 芦笋5根

辅料

白胡椒粉1/2茶匙 | 生姜4片 | 盐2克 | 食用油少许
黄油10克 | 大蒜4瓣 | 圣女果4颗 | 黑胡椒碎少许
鸡精1/2茶匙 | 生抽10克

烹饪秘籍

腌制虾仁的这个步骤一定不能省略，腌制的目的除了给虾仁去腥外，也可以给虾肉一个底味。

做法

1 大虾开背，去头，去壳，去虾线。

2 芦笋冲洗干净，去掉老根，斜刀切成段；圣女果对半切开；大蒜去皮，切片。

3 在剥好的虾仁中加上白胡椒粉、盐、姜片，抓拌均匀，腌制15分钟。

4 烧一锅开水，水沸腾后加入少许盐和食用油，下入芦笋快速汆烫至变色即捞出，放入冷水中。

5 用汆烫过芦笋的水继续煮面，煮好后捞出，拌入适量油防止粘连。

6 中火加热炒锅，放入黄油。黄油融化后放入虾仁，滑炒到虾仁卷曲定形即捞出，姜片丢掉不用。

7 锅中留底油，油热后放入蒜片小火爆香，接着放入圣女果、芦笋段和虾仁，炒到芦笋油亮。

8 放入煮好的意面，加入生抽、黑胡椒碎、鸡精，快速翻炒均匀即可出锅。

酸甜爽口

泰式柚子大虾螺旋面

30分钟　简单

特色

这是一道带有泰国风情的料理，在泰式料理中，经常会用到一些热带水果，柚子就是其中之一。酸甜的味道可以让菜肴多了一些清新的果香。柚子还能解腻、助消化，在以肉食为主的餐桌上，非常受欢迎。

主料

柚子150克｜螺旋意面100克｜大虾10只

辅料

薄荷叶适量｜大蒜4瓣｜小米椒3个
鱼露3汤匙｜柠檬汁3汤匙｜绵白糖2茶匙
开心果仁2汤匙

烹饪秘籍

选择红肉或者白肉的柚子都可以，如果本身比较酸，在调汁时多放一点糖中和一下就可以。

做法

1 薄荷叶洗净，大片的改刀。大蒜去皮，剁成蒜蓉。小米椒去蒂，切成小段。大虾洗净，开背，去虾线、头部、壳，保留虾尾。

2 蒜蓉、辣椒段、鱼露、柠檬汁和白糖放在一起搅拌均匀，混合成料汁。

3 将剥好的虾仁放入开水中烫熟，变色后即可捞出。

4 焯好的虾仁放入可饮用的冰水中，快速冷却，让虾肉变得紧实。

5 另起一锅，加入适量水烧开，下入螺旋面煮熟，捞出，沥干水分，晾凉备用。

6 柚子剥掉白色的皮，露出里面的柚子肉，用手掰成大块。

7 将开心果仁放在案板上，用擀面杖轻轻压碎。

8 将柚子肉、虾仁、薄荷叶、意面放入大碗中搅拌均匀，淋上料汁拌匀，装盘，撒上开心果碎即可。

香辣泰式鸡肉面

40分钟　简单

特色

琵琶腿本身就嫩滑多汁，蛋白质含量高，同泰式辣酱搭配在一起做出的意面料理，更是拥有了格外迷人的香味。

主料

琵琶腿2个 | 圆直面150克

辅料

淀粉1茶匙 | 白胡椒粉1/2茶匙 | 料酒10克
橄榄油1汤匙 | 大蒜5瓣 | 小米椒3个
生抽1汤匙 | 白糖1/2茶匙 | 香醋1茶匙
鸡精1/2茶匙 | 盐2克 | 黑胡椒碎少许
腰果50克 | 泰式酸辣酱2汤匙

做法见P20

烹饪秘籍

如果觉得处理鸡腿肉太麻烦，将鸡腿换成鸡胸肉也是可以的。

做法

1 将琵琶腿洗净，剔掉骨头和鸡皮，切成边长2厘米的块状，放入碗中。

2 碗中加入料酒、白胡椒粉和淀粉，同鸡肉一起抓匀，腌制15分钟，备用。

3 大蒜去皮后切粒；小米椒洗净，切成粒，备用。

4 锅中加入适量水，烧开，下入圆直面煮至成熟，捞出沥干，淋少许橄榄油拌匀，备用。

5 另起一锅烧热橄榄油，加入小米椒粒和蒜粒，小火煸炒出香味，下入鸡肉，煸炒至肉色变白。

6 下入泰式酸辣酱、生抽、白糖和香醋翻炒均匀。

7 下入已经成熟的面条，翻炒均匀，加入鸡精和盐进行调味。

8 关火，盛出装盘，撒入腰果和黑胡椒碎，即可。

清香鲜甜

香芹鸡肉意面

35分钟　简单

特色

鸡胸肉是个好东西，高蛋白低脂肪，料理起来又简单，搭配爽口的西芹，简单的调料，却有一番清新的味道。

主料

圆直面150克 | 鸡胸肉100克 | 西芹100克

辅料

白胡椒粉2克 | 淀粉2克 | 料酒1汤匙
蛋清1个 | 橄榄油1汤匙 | 大蒜5瓣 | 圣女果5颗
盐1/2茶匙 | 鸡精1/2茶匙 | 白糖1/2茶匙

烹饪秘籍

处理鸡胸肉时一定不能少了将肉拍松这个步骤，鸡胸肉不像鸡腿肉那么多汁，处理不好炒出来的肉吃起来口感会很柴。

做法

1 鸡胸肉洗净，去掉表面的筋膜，用刀背略微敲打肉的表面，然后顺着纹路切成细条，放入碗中。

2 碗中加入白胡椒粉和淀粉、料酒和蛋清，同鸡肉一起抓拌均匀，腌制15分钟。

3 大蒜去皮后切片；圣女果洗净，切成四瓣；西芹洗净，去掉叶子，斜切成长3厘米的段，备用。

4 锅中加入适量清水烧开，下入圆直面，煮至八成熟后捞出沥干，淋少许橄榄油拌匀备用。

5 另起一锅烧热，倒入橄榄油，先加入蒜片煸炒出香味，再下入鸡肉，迅速翻炒至肉的颜色变白。

6 接着下入圣女果和西芹段，大火煸炒至断生。

7 下入煮好的意面，继续翻炒均匀。

8 加入鸡精、盐、白糖进行调味，盛出装盘即可。

减脂增肌好选择

意式鸡肉冷拌贝壳面

35分钟　中等

特色

牛油果越来越经常地出现在人们的餐桌上。喜欢的人会觉得它的味道吃起来像鸡蛋黄，不喜欢的人觉得它腻口。然而把牛油果和鸡肉搭配在一起，再佐以油醋汁，让原本寡淡的食材变得更加丰盈。这道沙拉还可以作为减脂期的代餐，饱腹又耐饥。

主料

鸡胸肉100克｜贝壳面100克

辅料

盐1/2茶匙｜白胡椒粉2克｜油醋汁35毫升
橄榄油少许｜大蒜2瓣｜牛油果1个｜淀粉2克
黑胡椒碎少许｜洋葱50克

烹饪秘籍

牛油果完全成熟的标志是表皮变黑，果肉变柔软。但是在制作沙拉时，为了拌出的成品好看，可以选择成熟得不太完全的牛油果，保留一点韧性，拌出来的不会软烂。

做法

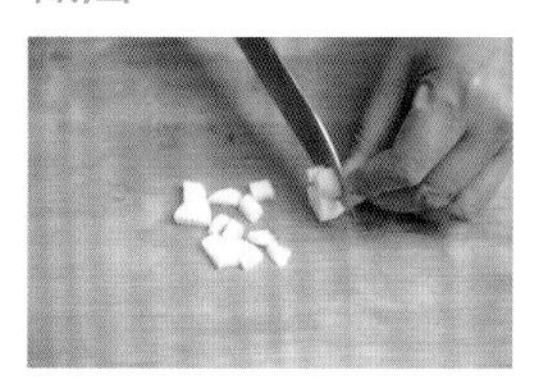

1 鸡胸肉洗净，沥干，在表面抹上一层盐和白胡椒粉，腌制15分钟。大蒜去皮，切成粒，备用。

2 腌制好的鸡胸肉表面扑上一层淀粉，薄薄一层即可，可提升煎鸡肉的口感。

3 平底锅放少许橄榄油，锅热后放入鸡胸肉煎至两面金黄后取出，放在吸油纸上吸干油分。

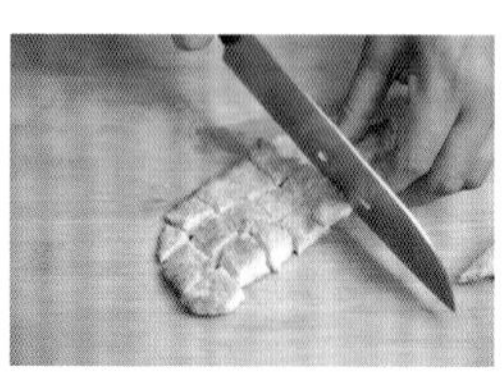

4 鸡胸肉完全冷却后，切成大方丁。凉的肉类肉质紧实，切出来的截面会整齐好看。

5 另起一锅，加入足量水烧开，下入贝壳面煮熟后捞出，晾凉备用。

6 牛油果去皮，去核，切成小方块。洋葱洗净，切成小丁，备用。

7 将贝壳面和鸡胸肉放入碗中，倒入油醋汁，再放入牛油果、洋葱丁和蒜粒，拌匀，撒少许黑胡椒碎调味即可。

中式风情

鸡丝凉面

30分钟　简单

特色

烹饪的魅力就在于不断地探索。来自于中餐的灵感，却和意面这种西方食材结合在了一起，创新带来了截然不同的味觉体验。

主料

鸡胸肉100克 | 细直面150克

辅料

生姜3片 | 料酒1汤匙 | 黄瓜100克 | 小米椒4个
大蒜5瓣 | 芝麻酱2茶匙 | 生抽1汤匙 | 白糖1/2茶匙
陈醋10克 | 辣椒红油2茶匙 | 熟花生碎适量
葱末少许

做法

1 将黄瓜洗净，用擦丝器擦成细丝；小米椒洗净，切成粒；大蒜拍碎后切末，备用。

2 锅中加入适量水、料酒和生姜片，烧开，将洗净的鸡胸肉下入水中煮熟。

3 将成熟的鸡胸肉捞出，晾凉后手撕成细丝，备用。

4 另起锅加适量清水，烧开，将意面下入水中煮熟后捞出，放入冷开水中降温，后沥干水分备用。

5 将鸡胸肉丝和意面一同放入碗中，接着加入黄瓜丝、蒜末和小米椒粒。

6 接着加入生抽、陈醋、白糖、芝麻酱，充分搅拌均匀。

7 最后淋入辣椒红油，撒上熟花生碎和葱末，食用时拌匀即可。

烹饪秘籍

煮鸡胸肉的时间很关键，这决定了肉吃起来的口感。煮的时间过久，肉会发干发柴。可以借助一根筷子来判断，将筷子扎入肉的表面，只要没有血水渗透出来，就代表鸡肉已经成熟了，立即从锅中捞出即可。

原自大阪的美味

和风鸡肉面

20分钟　中等

特色

意式料理虽然深受很多人的喜爱，可是它的高热量也让人望而却步，在家里烹饪其实可以随心所欲，将热量低的和风熏鸡肉与意面搭配，通过沙拉的形式演绎出来，魅力依然不减。

主料

圆直面120克｜熏鸡胸肉100克

辅料

日式酱油1汤匙｜柠檬汁10毫升
白糖1茶匙｜橄榄油5毫升｜味醂2汤匙
七味粉1/2茶匙｜绿豆芽50克｜西芹叶少许

烹饪秘籍

七味粉是日式料理中经常用到的调味料之一，可以在网店中买到，如果没有，可以用辣椒粉和白胡椒粉进行混合替代。

做法

1 将熏鸡胸肉切成薄片，放入碗中备用。

2 将绿豆芽清洗干净，沥干水分备用。

3 取一个小碗，碗中倒入日式酱油、橄榄油、柠檬汁、白糖、味醂和七味粉，调成日式和风酱，备用。

4 锅中加入适量水烧开，下入绿豆芽，汆烫成熟后捞出沥干水分，备用。

5 继续将汆烫豆芽的水烧开，下入圆直面煮熟后捞出，摊开在大盘上，加点橄榄油拌匀，放凉备用。

6 将圆直面和豆芽一同放入碗中。

7 加入调好的和风酱汁，搅拌均匀后盛入盘中。

8 将切好的鸡肉片整齐码放在面条上，点缀西芹叶即可食用。

特色

这是一道西餐厅里点击率很高的主食，只要掌握好了核心秘诀"肉酱"的做法，就算是在家里，也一样可以品尝到如此美味。香浓的肉酱包裹着紧实弹牙的面条，一口下去，简直太满足了！

主料

意大利宽面180克 | 番茄2个

辅料

橄榄油1汤匙 | 紫洋葱80克 | 奶酪碎1茶匙
鸡精1/2茶匙 | 大蒜4瓣 | 盐1/2茶匙
西芹20克 | 意大利混合香料1茶匙
肉酱2汤匙

做法见P18

烹饪秘籍

番茄选择放软的，味道比较浓郁，可以提前在番茄底部用刀划一个十字花，然后将番茄放入开水中汆烫一下，这样更容易将番茄皮去掉。

向经典致敬

番茄肉酱意面

30分钟　简单

做法

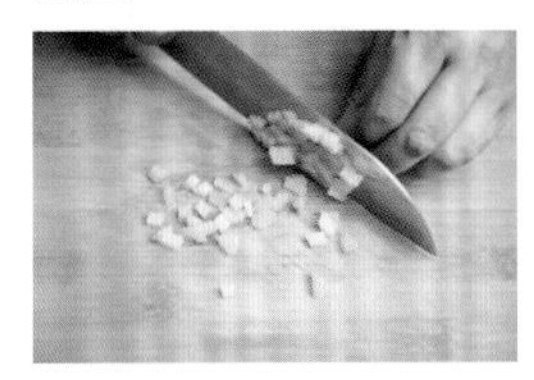

1 将洋葱洗净，切成小粒；西芹去掉根部，洗净后切成小粒；大蒜去皮后切成粒，备用。

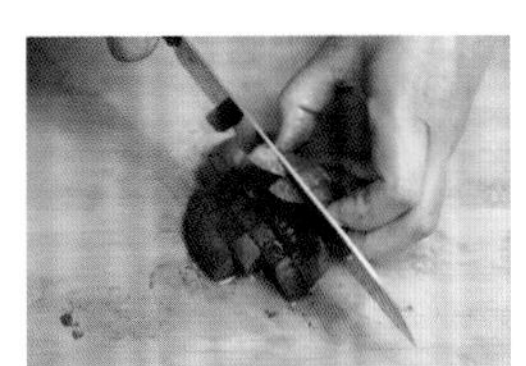

2 番茄去掉蒂，洗净后去皮，切成颗粒，备用。

3 中火加热炒锅，锅热后放入橄榄油，放洋葱粒和蒜粒炒香。

4 将番茄粒一起倒入锅里，将其炒软。

5 放入肉酱和奶酪碎，翻炒均匀，加入小半碗水，烧开后关火。

6 另起一个汤锅，水沸腾后加入意面，煮到八成熟后，捞出。

7 直接将意大利面放入炒酱的锅中，加入鸡精和盐，搅拌均匀，重新开火，煮2分钟，煮到汤汁黏稠。

8 将煮好的意大利面盛到盘中，表面撒入西芹碎和意大利混合香料，即可食用。

中国胃的选择

猪柳番茄面

35分钟　简单

特色

番茄酱酸甜可口，气味芳香，用它来和猪肉搭配绝对可以色香味俱全，红酱的加入会让这道意面的味道更加浓郁。

主料

宽扁面150克 | 猪里脊100克

辅料

料酒1汤匙 | 白胡椒粉2克 | 淀粉2克
蛋清1个 | 橄榄油1汤匙 | 大蒜4瓣
番茄酱2汤匙 | 奶酪粉2茶匙 | 生抽1茶匙
鸡精1/2茶匙 | 红酱1汤匙 | 黑胡椒碎少许

做法见P15

烹饪秘籍

番茄酱和红酱里面都有盐分，再加上这道意面里又加了生抽，所以不需要再另外加盐调味，以免成品口感过咸。

做法

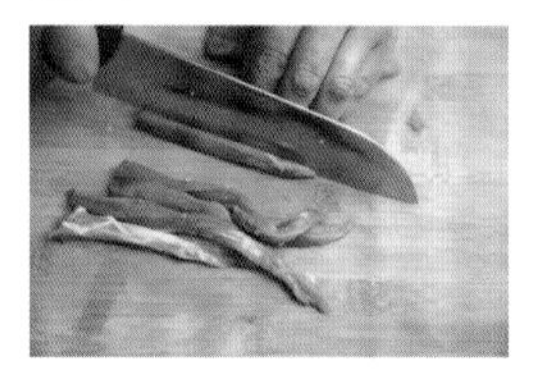

1 将猪里脊清洗干净，顺着纹路切成细条，放入碗中；大蒜去皮，切成小粒备用。

2 碗中加入蛋清、淀粉、白胡椒粉和料酒，同猪肉一起抓拌均匀，腌制15分钟备用。

3 锅中加入适量清水烧开，下入面条，煮熟后捞出。

4 将煮熟的面条沥干水分，摊在大盘中，淋入少许橄榄油拌匀，备用。

5 另起一锅，烧热橄榄油，下入蒜粒炒香。

6 接着下入腌制好的猪肉，滑炒至肉完全变色。

7 放入红酱、番茄酱和生抽、奶酪粉，翻炒均匀。

8 接着下入煮好的面条，加入鸡精进行调味，同酱汁搅拌均匀，出锅装盘，撒上黑胡椒碎即可。

一口锅搞定

奶油口蘑香肠意面

35分钟　简单

特色

白汁意面，控制好了调料配比，就能达到浓而不腻、香而不厚的境界。特别是这种能用一只锅搞定的菜品，在不流失美味的前提下，就盯着一口锅，即使在厨房忙碌的时候，也能从容而优雅。

主料

圆直面100克｜口蘑100克｜热狗肠3根

辅料

牛奶200毫升｜奶酪1片｜黄油15克
大蒜3瓣｜黑胡椒碎1/2茶匙｜鸡精1/2茶匙
盐1/2茶匙｜意大利混合香料1茶匙
薄荷叶少许

烹饪秘籍

白汁面条大多是煮好的面条同炒好的白酱放在一起，这个菜谱采用的方法是一锅出，干意面直接在白汁里煮，这样省事很多，意面也更容易入味。但煮的过程一定要不停搅拌，防止粘锅。

做法

1 将口蘑洗净，去掉根部，切成薄片；大蒜去皮，切片；热狗肠斜刀切片，备用。

2 小火将炒锅加热，放入黄油，黄油融化后放入蒜片炒香。

3 放入口蘑片，转中火，将口蘑炒出香味，加入部分黑胡椒碎炒匀。

4 加入热狗肠轻微翻炒。

5 接着放入牛奶、鸡精和200毫升水，大火煮开。水量要能煮开要放入的面条，但也不能太多，否则没法收汁。

6 放入意大利面，大火煮到汤汁的量变成1/2。煮的过程中用筷子不停搅动，防止面条粘底。

7 将奶酪片撕成小块，撒到锅里，加入盐。放入混合香料，转中火继续煮。

8 煮到汤汁变得浓稠后盛出，装盘。在表面撒少许黑胡椒碎，摆上薄荷叶，即可食用。

清新淡雅风

豆芽培根意面

40分钟　简单

特色

有烟熏味道的培根和清淡爽口的绿豆芽组合在一起，会擦出怎样的火花呢？搭配青酱，植物香气浓郁又不给身体增加任何负担，营养好吃又过足了面条瘾。

主料

圆直面150克 | 黄豆芽100克 | 培根4片

辅料

橄榄油10克 | 大蒜4瓣 | 红椒80克 | 黑胡椒碎2克
盐2克 | 鸡精2克 | 青酱20克 | 奶酪碎1茶匙

做法见P19

烹饪秘籍

因为培根本身自带油脂，所以在炒制过程中，橄榄油的量不要过多，否则口感会油腻。

做法

1 黄豆芽洗净，沥干；红椒洗净，切成细丝；培根切成3厘米的片；大蒜去皮、洗净，切片。

2 锅中加入适量水煮沸，下入圆直面煮至九成熟，捞出，淋少许橄榄油防粘。

3 中火加热炒锅，锅热后放入橄榄油，下入蒜片爆香。

4 放入培根片，开小火进行煸炒。

5 当培根片形状卷曲时，下入黄豆芽和红椒丝，大火炒至断生。

6 接着加入煮好的意面，翻炒均匀。

7 加入青酱、黑胡椒碎、鸡精和盐，搅拌均匀。

8 将意面盛出装盘，撒入奶酪碎即可食用。

甜蜜的暖阳

南瓜培根咖喱面

40分钟　简单

特色

南瓜是个好东西，一小块压成泥，就能让整道菜品看起来充满了阳光。简单的食材，不复杂的料理方式，搭配上咖喱，就能让你尝到不一样的味道。

主料

通心粉150克｜南瓜100克｜培根4片

辅料

橄榄油1汤匙｜白洋葱80克
意大利混合香料1茶匙｜黑胡椒碎2克｜鸡精2克
盐1/2茶匙｜奶酪粉1茶匙｜豌豆苗适量
黄金咖喱酱1汤匙

做法见P19

烹饪秘籍

这款意面因为使用了南瓜泥，所以酱汁会比较浓稠，就不推荐用黄油炒了，奶香味过重吃起来比较油腻。如果家里没有橄榄油，可以用玉米油这类无味的食用油，豆油和花生油味道厚重，不适合在西餐中使用。

做法

1 南瓜去皮，去子，切成小块，放入蒸锅或微波炉中，加热到南瓜柔软。

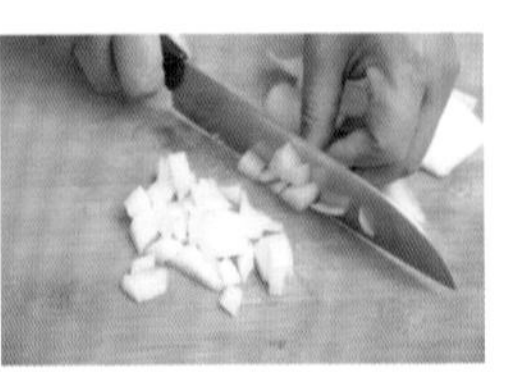

2 培根切成3厘米长的片；白洋葱洗净，切成粒。豌豆苗洗净，切小段。

3 通心粉放入沸水中，煮到九成熟，捞出后沥干水分，倒入少许橄榄油防粘，备用。

4 中火加热炒锅，锅热后倒入橄榄油，下入洋葱粒炒香。

5 放入南瓜块，用铲子压碎成泥。加入培根片、意大利混合香料、黑胡椒碎、咖喱酱炒匀。

6 加入少量水，翻炒均匀后大火煮开。水量大约50毫升，不停翻炒至酱汁浓稠。

7 放入煮好的通心粉，加入适量盐和鸡精调味，翻炒至酱汁均匀包裹在通心粉上。

8 将通心粉装盘，在表面撒上少许奶酪粉，最后装饰豌豆苗，即可食用。

简单有新意

白酱火腿鸟巢面

25分钟　简单

特色

奶白色的意面配上一圈绿绿的豌豆苗，光用眼睛看都会觉得这道料理很可爱。简单的食材只要搭配得当，就可以最大程度激发出食欲。

主料

圆直面150克 | 火腿100克

辅料

橄榄油10毫升 | 大蒜4瓣 | 胡萝卜50克
青豆50克 | 牛奶200毫升 | 盐1/2茶匙
鸡精2克 | 豌豆苗20克 | 紫洋葱1/2个
奶酪碎1茶匙 | 白酱20克

做法见P16

烹饪秘籍

加入牛奶的目的是为了让意面奶香的味道更加浓郁，如果喜欢平淡的感觉，将牛奶替换成等量的清水也是可以的。

做法

1 火腿切成边长1厘米的小丁；胡萝卜洗净、去皮，切成边长1厘米的小丁；洋葱洗净后切丁；大蒜去皮、切片。

2 将青豆清洗干净；豌豆苗用水洗净，备用。

3 起锅烧热水，水开后下入圆直面煮至七成熟，捞出后沥干水分，淋入少许橄榄油拌匀，备用。

4 另起一锅，锅烧热后加入橄榄油，放入蒜片和洋葱丁煸炒出香味。

5 接着加入火腿丁、胡萝卜丁和青豆，小火煸炒至五成熟。

6 加入白酱，倒入牛奶，翻拌均匀。

7 将煮过的意面倒入锅中，用中火将汤汁煮开，这个过程要注意不停搅拌。

8 煮至汤汁浓稠后，加盐和鸡精调味，关火，盛出装盘，在盘子四周围一圈豌豆苗，撒入奶酪碎，即可。

特色

没有胃口的时候怎么办？来试一下这道料理吧，当季的蔬菜，吃起来安全又美味，很寻常的食材组合到一起，佐以酸甜开胃的油醋汁，就能让自己收获一份随遇而安的惊喜。

主料

细面120克 | 胡萝卜50克 | 红椒50克
黄椒50克 | 圆白菜50克 | 火腿丝50克

辅料

大蒜5瓣 | 油醋汁40毫升 | 鸡精2克
盐1/2茶匙 | 香菜叶少许

烹饪秘籍

细面是很容易成熟的，煮的过程中一定不要火候过大，否则面条软烂会非常影响整道菜品的口感。

国宴级轻食

油醋汁什锦凉面

25分钟 简单

做法

1 将胡萝卜洗净，用擦丝器擦成细丝；红椒、黄椒洗净，分别切成细丝；圆白菜洗净后切成细丝，备用。

2 大蒜去皮后切成蒜粒，放入小碗中备用。

3 碗中加入油醋汁、鸡精和盐，搅拌均匀，调成料汁，备用。

4 锅中加入适量水煮沸，下入细面煮熟后捞出，晾凉备用。

5 将面条借助叉子卷成一卷，放入大盘中间。

6 接着将胡萝卜丝、圆白菜丝、红椒丝、黄椒丝、火腿丝分别整齐码放在盘子的四周。

7 将油醋料汁均匀淋在食材表面，点缀上香菜叶，即可食用。

原味鲜甜

玉米笋丁青酱面

35分钟　简单

特色

玉米笋是一种带着独特香脆口感的蔬菜，和青酱搭配在一起，给人一种“春风十里不如你”的清新淡雅之感。

主料

贝壳面150克 | 玉米笋100克

辅料

橄榄油1汤匙 | 大蒜4瓣 | 洋葱50克 | 圣女果80克
胡萝卜50克 | 盐1/2茶匙 | 鸡精2克
香芹叶少许 | 青酱2汤匙

做法见P19

做法

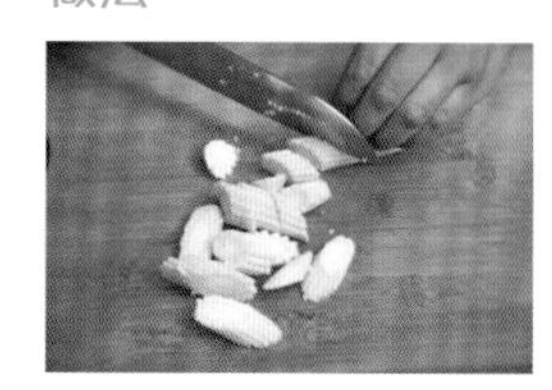

1 将玉米笋冲洗干净，斜刀切成长1厘米的丁；大蒜去皮后切粒，备用。

2 圣女果洗净，改刀切成四瓣；洋葱洗净、切成粒；胡萝卜洗净，切成和玉米笋丁匹配的粒状，备用。

3 锅中加入适量水烧开，下入贝壳面，煮至成熟，捞出沥干，淋少许橄榄油防粘，备用。

4 中火加热炒锅，锅热后下入橄榄油，下入蒜粒和洋葱粒，煸炒出香味。

5 接着下入圣女果、玉米笋丁和胡萝卜丁，大火煸炒至断生。

6 加入煮好的贝壳面，翻炒均匀，随后加入青酱。

7 加入盐和鸡精进行调味，翻炒均匀后出锅装盘。

8 点缀香芹叶，即可食用。

烹饪秘籍

这属于一道素食意面，吃的就是蔬菜清新的口感，所以调味料不需要多加，避免画蛇添足，掩盖了蔬菜本身的香气。

轻食界的宠儿

三丝青酱面

25分钟　简单

特色

红、绿、黄三种颜色交相辉映，搭配在一起，视觉上都会非常享受，这道意面是素食爱好者的良好选择。

主料

圆直面150克｜胡萝卜50克｜红椒50克
鸡蛋2个｜黄瓜50克

辅料

水淀粉2茶匙｜橄榄油1汤匙｜蒜末5克
盐1/2茶匙｜鸡精2克｜黑胡椒碎少许
青酱2汤匙

做法见P19

烹饪秘籍

在蛋液中加入2茶匙水淀粉，可以让煎出来的蛋饼更有韧性，不易破裂。

做法

1 将胡萝卜洗净，用擦丝器擦成细丝；红椒洗净后切成细丝；黄瓜洗净，切成细丝，备用。

2 将鸡蛋打入碗中，加入水淀粉，搅拌成均匀的蛋液，备用。

3 将平底不粘锅烧热，迅速倒入鸡蛋液，摊成厚薄均匀的蛋饼，晾凉后切成蛋丝，备用。

4 另起一锅，加入适量水烧开，下入圆直面煮熟，捞出后沥干，淋少许橄榄油拌匀，备用。

5 继续将平底锅烧热，倒入橄榄油，接着炒香蒜末。

6 加入胡萝卜丝、红椒丝和黄瓜丝，翻炒均匀。

7 接着加入青酱和意面，翻炒均匀，加入盐和鸡精调味。

8 最后加入蛋丝，翻拌均匀，盛出装盘后，撒入黑胡椒碎，即可食用。

特色

本身自带清香的毛豆被酱汁包裹住，二者的味道融合在一起，面条又充分吸收了汤汁的精华，这是一道在营养和口味上都让人无法质疑的美味。

主料

宽扁面120克｜毛豆100克

辅料

橄榄油10毫升｜蒜末10克

速冻玉米粒50克｜盐1茶匙｜鸡精2克

黑胡椒碎少许｜青酱2汤匙｜花生碎少许

做法见P19

淡香溢满口

毛豆青酱面

30分钟　简单

烹饪秘籍

毛豆不宜煮得太烂，断生即可。

做法

1 锅中加入适量清水和盐烧开，将冲洗过的毛豆放入水中煮制。

2 毛豆煮熟后，将其捞出，放在冷水中浸泡后沥干水分，剥出里面的豆子，放在碗中备用。

3 速冻玉米粒清水冲洗后，放入刚才煮毛豆的水中汆烫成熟，捞出沥干水分，备用。

4 将锅中水倒掉，重新加入适量清水烧开，下入宽扁面，煮熟后捞出，沥干，淋少许橄榄油拌匀，备用。

5 另起一炒锅烧热，倒入橄榄油，加入蒜末，小火炒出香味。

6 倒入玉米粒和毛豆进行煸炒，要炒到毛豆和玉米粒的颜色都变油亮。

7 接着加入青酱，翻炒均匀，随后下入煮好的面条，翻拌均匀。

8 加入盐和鸡精调味，盛出装盘后撒入花生碎和黑胡椒碎，即可食用。

最传统的美味

奶酪番茄意面

40分钟　简单

特色

想要做出好吃的家庭版意面，只要掌握最基本的步骤。用冰箱里常见的奶酪片和圣女果搭配在一起，就可以快速做出一道酸甜香糯的意面。

主料

圆直面150克｜圣女果70克

辅料

黄油15克｜培根3条｜荷兰豆30克｜奶酪片2片
大蒜3瓣｜盐1/2茶匙｜意大利混合香料1/2茶匙
奶酪粉1茶匙｜红酱1汤匙

做法见P15

做法

1 圣女果洗净，去蒂，切成四瓣；荷兰豆洗净，掰成两半；大蒜去皮、洗净，切成小粒；培根切成宽约2厘米的片。

2 炒锅中不放油，中火加热，放入培根炒到微焦。肉片开始收缩时就将培根片盛出，放入盘中备用。

3 将炒锅清洗干净，小火加热，放入黄油，融化后放入蒜粒爆香。

4 接着加入圣女果翻炒，将圣女果炒软。

5 倒入红酱、培根片一同翻炒均匀，加小半碗水，待汤汁烧开后加入荷兰豆，关火。

6 另起一个汤锅，水沸腾后放入意大利面，比包装袋上的要求少煮1分钟，煮好后捞出。

7 直接将意大利面放入炒酱的锅中，重新开火，煮2分钟，煮到汤汁略微黏稠，将奶酪撕成小片下入锅中。

8 奶酪化开后关火。加入盐，将意大利面搅拌均匀，盛到盘中，撒入奶酪粉和意大利混合香料，即可食用。

烹饪秘籍

1. 荷兰豆比较容易成熟，为了保持其脆嫩的口感和颜色，一定要等到汤汁烧开后最后放入。
2. 第一次煮意面煮至八成熟即可，这样可以避免二次煮意面的口感过于软烂，失去了本来的风味。

夏天的味道

清甜蔬果凉面

30分钟　简单

特色

夏天来了，很多新鲜的蔬菜瓜果出现在家中的餐桌上，让人应接不暇。香甜的丘比沙拉酱，和应季的蔬果搭配，再加入牛奶，让稀松平常的食材香甜无比。这一餐，既能当主食，又可以做甜品。

主料

圆直面120克

辅料

橄榄油少许 | 胡萝卜50克
黄桃罐头50克 | 苹果50克
水果黄瓜50克 | 丘比甜味沙拉酱25克
纯牛奶20毫升 | 盐1/2茶匙 | 香芹碎少许

烹饪秘籍

苹果很容易氧化变黑，所以切完之后一定要放在淡盐水中浸泡。这样做出来的成品才能更加美观。

做法

1 将胡萝卜洗净，去皮后切成细丝；水果黄瓜洗净，切成细丝，备用。

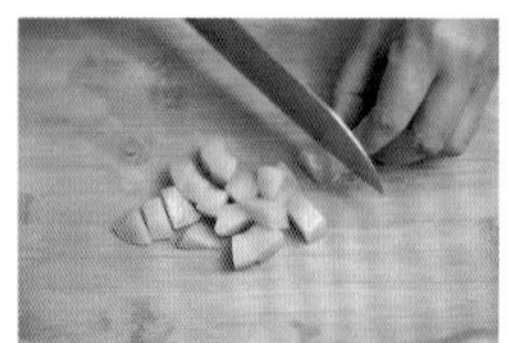

2 将黄桃切成边长1厘米的方丁；苹果去皮后切成方丁，放入淡盐水中浸泡，备用。

3 锅中加入足量水烧开，下入圆直面煮熟。

4 面条煮熟后捞出，放入冷开水中降温，捞出沥干水分，淋入少许橄榄油拌匀，备用。

5 将苹果丁捞出沥干，放入碗中，加入黄桃丁、胡萝卜丝和黄瓜丝。

6 接着将意面倒入碗中，继续倒入沙拉酱。

7 加入盐和牛奶，将碗中所有食材充分拌匀后，转移到盘中，撒上香芹碎即可。

翩翩彩蝶丛中舞

迷迭香蝴蝶面

30分钟　简单

特色

蝴蝶面本身看起来就充满了趣味，小小的一个很是可爱。这本来是一道非常普通的青酱素食意面，但因为迷迭香的加入，就变得分外迷人。迷迭香是西餐中很常见的香料，把它加入到菜品中，会起到画龙点睛的作用。

主料

蝴蝶意面120克 | 杏鲍菇100克

辅料

橄榄油1汤匙 | 大蒜5瓣 | 洋葱100克
红椒50克 | 黄椒50克 | 黑胡椒粒2克
鸡精1/2茶匙 | 盐1/2茶匙
干迷迭香碎少许 | 青酱2汤匙

做法见P19

烹饪秘籍

迷迭香的味道很浓郁，在使用的时候斟酌着来，下手别太狠，不要让香料盖过食材本身的味道。

做法

1 将杏鲍菇洗净，切成2厘米长的方丁；大蒜去皮后切成粒，备用。

2 红椒和黄椒洗净后分别切成细丝，洋葱洗净后切成粒，备用。

3 起锅加入清水烧开，下入蝴蝶面，煮熟后捞出沥干，拌少许橄榄油防粘。

4 另起一锅，烧热橄榄油，下入蒜粒和洋葱粒，小火煸炒出香味。

5 加入杏鲍菇，翻炒至杏鲍菇变软。

6 加入红椒丝和黄椒丝，翻炒均匀。

7 接着加入青酱和黑胡椒粒，翻炒均匀，下入煮好的蝴蝶面。

8 翻炒均匀后放盐和鸡精进行调味，出锅装盘后撒迷迭香碎，即可食用。

甜点变身主食

奶酱栗子面

20分钟　简单

特色

栗子赋予了这道意面更多的新意，在盘中一个个圆润可爱。试一下这道料理，柔软绵密的酱汁和甜蜜的栗子，入口就非常满足。

主料

宽扁面120克 | 熟栗子肉100克

辅料

橄榄油1汤匙 | 白洋葱50克 | 红甜椒50克
黄甜椒50克 | 盐1茶匙 | 鸡精1茶匙
豌豆苗少许 | 白酱2汤匙

做法见P16

烹饪秘籍

这道意面吃起来口感是咸甜的，如果喜欢甜的口味更多一些，可以多加入1茶匙的白糖。

做法

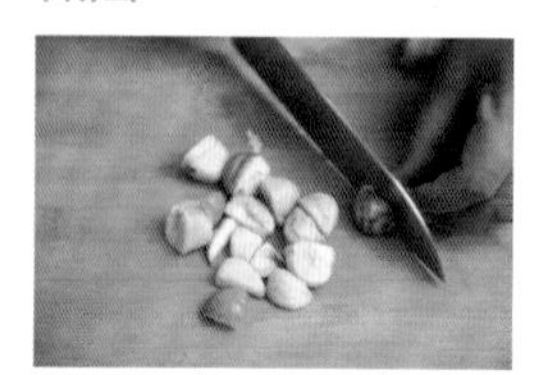

1 将栗子肉从中间切成两瓣，放入碗中，备用。

2 白洋葱洗净，切成小丁；红甜椒洗净，切细丝；黄甜椒洗净，切细丝，备用。

3 锅中烧开水，将宽扁面下入锅中。

4 面条煮熟后捞出，沥干水分，淋入少许橄榄油拌匀备用。

5 另起一锅，锅中加入橄榄油，下入洋葱丁，小火炒出香味。

6 加入红椒丝和黄椒丝翻炒均匀，接着加入白酱和栗子肉。

7 加入煮好的意面，翻炒均匀，倒入鸡精和盐进行调味。

8 出锅装盘后，点缀上豌豆苗，即可食用。

进阶意面

有内涵的面条

焗海鲜贝壳面

35分钟　简单

特色

普通的意面，寻常的海鲜，加上奶酪，就会变得很醇厚，获得的幸福和满足感瞬间能放大两倍。

主料

贝壳面100克 | 大虾4只 | 墨鱼圈50克
扇贝肉50克

辅料

白胡椒粉1/2茶匙 | 柠檬4片 | 橄榄油15毫升
洋葱粒50克 | 白葡萄酒2汤匙 | 盐1/2茶匙
鸡精1/2茶匙 | 黑胡椒碎2克
马苏里拉奶酪100克 | 白酱1/2汤匙

做法见P16

做法

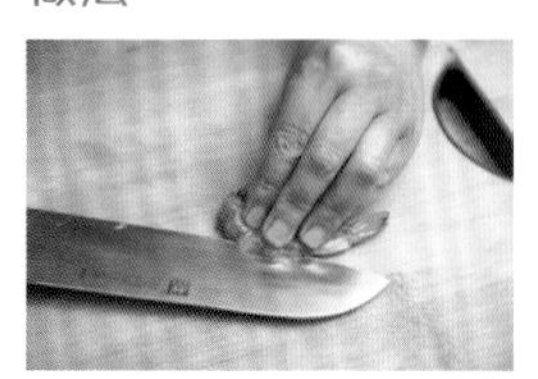

1 大虾开背，去头，去壳，去虾线，尾巴可以不剥掉；墨鱼圈和扇贝用清水冲掉浮冰，沥干水分，备用。

2 将虾仁、扇贝和墨鱼圈一同放入碗中，加入白胡椒粉和柠檬片，抓拌均匀，腌制15分钟。

3 将贝壳面放入沸水中煮熟，捞出后沥干水分，淋少许橄榄油，拌匀备用。

4 另起一炒锅加热，倒入橄榄油，加入洋葱粒炒出香味。

5 接着加入虾仁、扇贝和墨鱼圈略微翻炒。

6 加入白酱、白葡萄酒、盐、鸡精和黑胡椒碎，大火烧开至酱汁浓稠。

7 将酱料同贝壳面一起倒入容器中，翻拌均匀，表面撒入马苏里拉奶酪。

8 接着放入预热好的烤箱中，以上火200℃，下火150℃烤约10分钟至表面呈金黄色即可。

烹饪秘籍

这道菜谱做出的意面奶香味比较重，为了防止口感过于黏腻，加了白葡萄酒，减少了白酱的用量。如果口味相反，特别喜欢奶汁和奶酪的味道，则可以多加一些白酱。任何菜肴的口味，都可以在食谱的基础上根据自己的爱好调整。

酒香不怕巷子深

酒香蛤蜊焗面

150分钟　简单

特色

蛤蜊，又叫花甲，本身并不贵，但是换一种做法，就会让它身价倍增，除了最常见的爆炒之外，其实它还可以通过“焗”的方式来表现，步骤并不复杂，吃起来依然就是两个字“鲜美”。

主料

圆直面120克｜蛤蜊100克

辅料

橄榄油15毫升｜大蒜5瓣｜白葡萄酒100毫升
意大利混合香料2茶匙｜黑胡椒碎1/2茶匙
马苏里拉奶酪100克｜鸡精1/2茶匙｜盐1茶匙
香油少许

烹饪秘籍

圆直面第一次先煮到半成熟，然后继续放到汤汁里面煨煮，可以让浓郁的酒香充分融合到面条中。

做法

1 将蛤蜊洗净，放入加有香油和盐的冷水中浸泡2小时，让蛤蜊壳里的沙吐干净。

2 将大蒜去皮、去根，切成蒜粒，备用。

3 锅中加入适量清水烧开，放入圆直面煮至五成熟，捞出沥干水分，淋少许橄榄油拌匀，备用。

4 另起一锅烧热，锅中加入橄榄油，倒入蒜粒爆香。

5 加入蛤蜊，略微翻炒，倒入白葡萄酒，加盖焖煮片刻，至蛤蜊壳略微张开。

6 加入盐和鸡精调味，倒入50毫升冷开水拌炒。

7 继续加入半成熟的圆直面煨煮至入味，且汤汁略微收干，起锅前加入意大利混合香料和黑胡椒碎，拌匀，盛入容器中。

8 撒上马苏里拉奶酪，放在预热好的烤箱中，以上火250℃、下火100℃烤8~10分钟至外观呈金黄色即可。

来自东南亚的风味

焗咖喱鲜虾螺旋面

40分钟　中等

特色

咖喱虾仁本属于东南亚料理，包裹着咖喱酱汁的虾肉吃起来鲜嫩多汁，在焗烤的过程中，又最大限度地保留了这种口感，加上浓郁的奶酪，成就一道异域风情大餐。

主料

螺旋意面100克｜大虾150克｜西蓝花80克

辅料

白胡椒粉2克｜生姜4片｜盐1茶匙｜橄榄油10毫升
大蒜4瓣｜黑胡椒粉少许｜鸡精2克
马苏里拉奶酪100克｜黄金咖喱酱2汤匙

做法见P19

烹饪秘籍

如果觉得处理虾仁麻烦，也可以采用超市中卖的速冻虾仁，当然新鲜的口感就会打折扣，做这种焗烤的菜品，如果烤碗中放不下，再拿一个小碗装就好，一起放入烤箱，节省时间又省能源。

做法

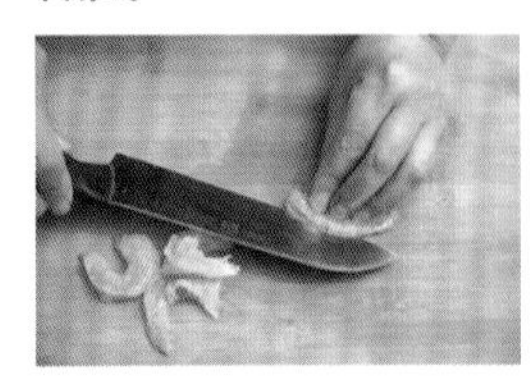

1 大虾开背，去头，去壳，去虾线；大蒜洗净，切粒，备用。

2 在剥好的虾仁中加入白胡椒粉、少许盐、姜片，抓拌均匀，腌制15分钟。

3 将西蓝花去掉大梗，掰成适口的小朵，冲洗干净，放入淡盐水中浸泡片刻。

4 烧一锅开水，水沸腾后下入西蓝花汆烫，捞出。然后煮螺旋意面，煮到稍微硬一点的程度。

5 中火加热炒锅，锅中倒入橄榄油，下入虾仁，滑炒到虾仁卷曲定形立即捞出，姜片取出不要。

6 锅中留少许底油，油热后放入蒜粒爆香，接着放入虾仁和西蓝花，炒到西蓝花表面油亮立即关火。

7 烤箱预热180℃，将炒好的虾仁西蓝花和意面放入烤碗中，加入咖喱酱、盐、鸡精和黑胡椒粉搅拌均匀。

8 在意面上铺上一层马苏里拉奶酪，放入烤箱中层，烘烤约15分钟至奶酪融化微焦即可。

治愈系美食

温泉蛋虾仁天使面

45分钟　复杂

特色

曾经吃过一道温泉蛋肥牛拌面，当时鸡蛋口感简直惊艳至极，从此就再也忘不了。做好的温泉蛋可以有很多搭配方法，配米饭、配面条都可以根据心情来。

主料

细面120克｜水煮虾仁100克｜鸡蛋1个

辅料

橄榄油10毫升｜洋葱50克｜蒜末5克｜干辣椒3个
酸豆角20克｜黑橄榄5颗｜白葡萄酒70毫升
盐1/2茶匙｜白胡椒粉1/2茶匙｜鸡精1/2茶匙
西芹1根｜豌豆苗少许

做法

1 将酸豆角、黑橄榄、干辣椒分别切碎；西芹和洋葱分别洗净，切成小粒，备用。

2 取一小锅水，加热至70℃，将鸡蛋连壳放入，恒温煮约15分钟后，敲开蛋壳，即成为温泉蛋。

3 另起一锅沸水，加入细面煮熟捞出，沥干水分，淋少许橄榄油拌匀。

4 炒锅加热，倒入橄榄油，下入洋葱粒、蒜末、干辣椒碎炒出香味。

5 加入酸豆角末和黑橄榄炒匀，再加入虾仁和白葡萄酒炒匀。

6 加入煮好的面条，翻拌均匀。

7 接着加入鸡精、盐和白胡椒粉调味。

8 起锅前撒上西芹粒，盛出装盘，将温泉蛋放在顶部，摆上豌豆苗即可。

烹饪秘籍

这道意面并不难做，重点在于温泉蛋，只要温度把握好了，在家中一样可以做出漂亮的温泉蛋。这个步骤可以借助厨房用温度计。另外，鸡蛋一定要是常温的，从冰箱里拿出来的鸡蛋直接放入锅里，会非常容易裂壳。

瑞典美味的变身

奶酪肉圆焗千层面

60分钟　复杂

特色

这道菜品的灵感来源于瑞典，瑞典人餐桌上总会出现瑞典肉丸的身影，它可以和很多菜品在一起搭配。这里教的是最简单的可以做出肉丸的方法，即使你做出来的丸子没有那么精美，没关系，特制的奶汁会帮你打掩护。

主料

猪五花肉100克｜牛肉100克｜面包糠60克
洋葱50克｜鸡蛋1个｜意大利千层面4片

辅料

黑胡椒粉1茶匙｜料酒1汤匙｜盐1茶匙
蒜末2茶匙｜食用油适量｜马苏里拉奶酪100克
淡奶油50毫升｜牛奶50毫升｜黄油10克

烹饪秘籍

这个配方里用到的洋葱不算少，洋葱很容易出汤，提前用黄油炒一下，可以避免出汤，做好的丸子也会更香。

做法

1 牛肉和猪肉切成小块，放入搅拌机中打成肉泥；洋葱切成小碎粒，加黄油炒到透明，放凉待用。

2 肉泥中加入黑胡椒粉、盐和料酒，搅拌均匀。

3 再加入洋葱粒、打散的鸡蛋液和面包糠，继续搅打上劲。

4 将搅拌好的肉泥挤成丸子，放入油锅中炸到半熟，至表面变色后捞出。

5 烤箱预热220℃，将炸好的丸子放入烤盘，放入烤箱烤15分钟后取出。

6 将千层面放入沸水中煮约6分钟后，捞起沥干备用。

7 起一锅，加入少许油，放入蒜末炒香，接着加入淡奶油和牛奶翻炒，制成奶汁，备用。取两片千层面铺在烤碗底部。

8 铺上烤好的肉丸，均匀浇上奶汁，再放入剩余两片千层面，撒上马苏里拉奶酪，放入烤箱中，以上火200℃，下火150℃烤约8分钟至表面呈金黄色即可。

一大口的满足

焗意式肉酱面

30分钟　简单

特色

如果总是用最传统的做法来做肉酱面，未免太没有新意了，那就加上奶酪然后放进烤箱里吧，用“焗”的方法做出来的肉酱面，香味加倍，同时也锁住了圣女果的汁水，一口吃下去，倍感满足。

主料

螺旋面120克｜猪肉末100克

辅料

橄榄油10毫升｜白洋葱50克｜圣女果6颗
马苏里拉奶酪100克｜意大利混合香料1茶匙
红酱3汤匙

做法见P15

烹饪秘籍

因为家用烤箱的牌子有很多种，每个牌子的烤箱温度标准都不太一样，烤的时候最好能在一旁盯着，烤到奶酪变金黄色就立即拿出。

做法

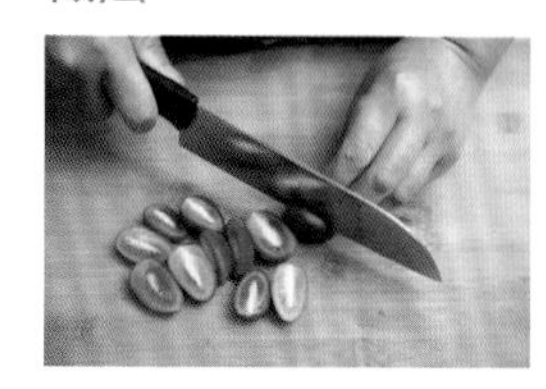

1 将洋葱洗净，切成粒；圣女果洗净，对半切开，备用。

2 将螺旋面放入沸水中煮熟，捞出沥干水分，淋入少许橄榄油拌匀，备用。

3 炒锅加热，倒入橄榄油，下入洋葱粒，小火炒出香味。

4 接着加入猪肉末翻炒至成熟。

5 加入红酱和150毫升清水，炖煮约10分钟。

6 接着倒入圣女果，略微翻炒，即可关火。

7 酱料同意面装入同一烤碗中，倒入意大利混合香料，搅拌均匀。

8 最上层撒上马苏里拉奶酪，放入预热好的烤箱中，以上火250℃、下火150℃烤约2分钟至表面呈金黄色即可。

最爱那一抹“暖阳”

培根蛋奶面

30分钟　简单

特色

这道意面非常适合给宝宝吃，只不过是普通的意面料理，但因为换了一个做法和表现形式，就变得与众不同。相信端上餐桌，一定会让孩子眼前一亮，食欲大增。金黄的“太阳”是不是让人看了心里都暖暖的呢？

主料

宽扁面100克｜培根50克｜牛奶100毫升
生蛋黄1个

辅料

黄油15克｜大蒜3瓣｜紫色洋葱100克
黑胡椒碎1/2茶匙｜鸡精1/2茶匙
意大利混合香料1茶匙｜白酱20克｜盐2克

做法见P16

做法

1 洋葱洗净，切成粒；大蒜去皮，切成粒；培根改刀成宽约2厘米的片。

2 炒锅中不放油，中火加热，放入培根炒到微焦，肉片收缩。开始收缩就盛出来，别烤干了。

3 将炒锅洗干净。小火加热，放入黄油，黄油融化后放入蒜片炒香。

4 接着放入洋葱粒炒出香味，加入黑胡椒碎，炒匀。

5 放入牛奶、250毫升水、白酱和鸡精，大火煮开。

6 放入意大利面，大火煮到汤汁的量变成1/2。煮的过程中用筷子搅动，防止面条粘底。

7 将炒好的培根撒到锅中，加入盐和意大利混合香料，转中火继续煮。

8 煮到汤汁变得黏稠后盛出，装盘。在意面顶部挖出一个小凹槽，放上蛋黄即可。

烹饪秘籍

加入水的量要能煮开放入的面条，但也不能太多，最后没法收汁。酱汁应该是浓稠可以包裹在面条上的。

当得起招牌主食

焗奶香火腿白酱面

25分钟　简单

特色

只要酱汁熬得好，无论哪一种烹饪方式都好吃。闲暇时候熬上几瓶奶酱，放在冰箱保鲜盒里作为储备粮，怎么做，全由自己的心情说了算。

主料

笔管面120克｜火腿100克

辅料

青豆50克｜胡萝卜50克｜速冻玉米粒50克
牛奶100毫升｜马苏里拉奶酪100克
奶酪粉少许｜白酱2汤匙｜盐1/2茶匙

做法见P16

烹饪秘籍

烘烤这道菜品时温度不要太高，否则容易把表面的奶酪烤干，温度稍微低一些，放在烤箱靠下的位置，让奶酪层距离加热管远一些。

做法

1 将青豆洗净；玉米粒用清水冲去浮冰；胡萝卜洗净，切成与青豆大小匹配的丁；火腿切小丁，备用。

2 烧一锅开水，水沸腾后下入青豆、胡萝卜和玉米粒汆烫，捞出。

3 接着下入笔管面，煮到稍微硬一点的程度。

4 将笔管面放入碗中，加入青豆、胡萝卜丁、玉米粒和火腿丁，搅拌均匀。

5 接着加入白酱、牛奶、盐，将碗中食材充分搅拌均匀。烤箱预热180℃。

6 在最上层铺入奶酪，撒入奶酪粉，放入烤箱中层，烘烤约15分钟至奶酪融化微焦即可。

厚实又松软

焗鸡肉笔管面

40分钟　简单

特色

咖喱鸡肉是一道很多人都喜欢的菜，它似乎有着神奇的魔力，让人品尝一口就再也忘不了，和意面搭配在一起后，既能当菜吃，也能当主食吃。

主料

琵琶腿2个｜笔管面120克

辅料

橄榄油1汤匙｜料酒1汤匙｜生姜4片｜生抽1汤匙
淀粉2克｜大蒜5瓣｜盐1克｜鸡精1/2茶匙
马苏里拉奶酪100克｜白胡椒粉2克｜红椒50克
黄金咖喱酱2汤匙

做法见P19

烹饪秘籍

这道菜的关键秘诀在于鸡肉不要炒得完全成熟，否则入烤箱中再经过烘烤，肉的水分会大大流失，丧失其本应该有的滑嫩的口感。

做法

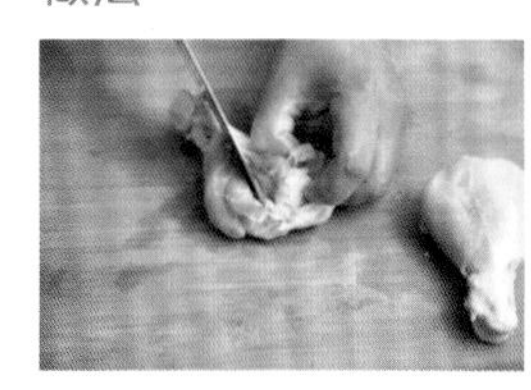

1 将琵琶腿洗净，去骨、去皮，切成边长1厘米的方块，放入碗中。

2 碗中加入料酒、生姜片、白胡椒粉、生抽和淀粉，同鸡肉抓匀，腌制15分钟，备用。

3 大蒜洗净，切成蒜粒；红椒洗净，切成粒，备用。

4 将笔管面放入沸水中煮熟，捞出后沥干，淋少许橄榄油，拌匀备用。

5 将炒锅加热，倒入橄榄油，下入蒜粒，小火炒出香味。

6 接着倒入鸡肉滑炒至七成熟，加入盐和鸡精调味，然后关火。

7 将鸡肉、咖喱酱一起倒入面条中，如果酱料太干，可以加点热水，翻拌均匀，上层铺入马苏里拉奶酪。

8 放入预热好的烤箱中，以上火200℃、下火150℃，烤约10分钟，至表面呈金黄色后取出，撒上红椒粒即可。

最帅的意面

匈牙利牛肉焗面

35分钟　简单

特色

“焗”有着让一切简单料理华丽变身的神奇力量。西餐中的焗通常都加了奶酪，而且是会拉出丝的马苏里拉奶酪，这样的做法，可以让简单的饭或者面看起来更像是一道非常能拿得出手的主菜。

主料

圆直面150克｜牛肉末100克

辅料

橄榄油20毫升｜紫洋葱60克｜红酒1汤匙
番茄1个｜辣椒粉2茶匙｜盐1/2茶匙
马苏里拉奶酪100克｜红酱1汤匙｜香芹末少许

做法见P15

烹饪秘籍

刚炒好的酱汁很热，因为意面也是熟的，所以只需要烤很短的时间，把奶酪烤好就够了。烘烤的温度比较高，最好在旁边看着，奶酪烤到能拉丝、略微发焦就可以了。

做法

1 将紫洋葱洗净后切丁；番茄洗净，去蒂，切小丁，备用。

2 将圆直面下入沸水中煮熟，捞出沥干，淋少许橄榄油拌匀，备用。

3 炒锅加热，倒入橄榄油，接着下入洋葱粒，煸炒出香味。

4 倒入牛肉末煸炒至肉末成熟，接着下入红酒翻炒。

5 加入红酱和番茄丁，煸炒至番茄变软，倒入150毫升清水、辣椒粉、盐，翻炒均匀，小火熬制片刻至汤汁黏稠。

6 将汤汁倒入面条中，搅拌均匀。

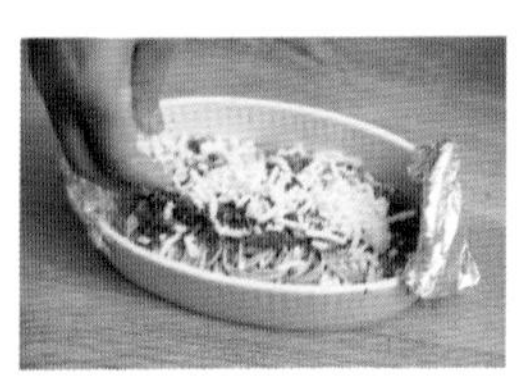

7 将拌好的面条转移到烤碗中，撒上马苏里拉奶酪。

8 放入烤箱，以上火200℃、下火150℃烤约3分钟至呈金黄色，拿出后撒少许香芹末装饰即可。

换个装大不同

番茄牛肉冷汤面

25分钟　简单

特色

特别喜欢圆直面这种神奇的存在，它可以用任意一种形式来演绎发挥。想吃冷面的时候却买不到荞麦面怎么办？用圆直面试一下吧，口感不减，一样爽口又解暑。

主料

圆直面100克｜酱牛肉100克｜番茄100克

辅料

橄榄油少许｜白醋2汤匙｜白糖1汤匙｜大蒜4瓣
盐1/2茶匙｜鸡精1/2茶匙｜生抽1茶匙｜香油1茶匙
熟白芝麻2茶匙

烹饪秘籍

这道菜品是传统冷面的变身，可以根据自己的喜好加入其他食材。喜欢吃辣的可以再加入2茶匙辣椒红油也是可以的。

做法

1 将酱牛肉切成薄片备用。

2 将番茄洗净，横向切成片；大蒜去皮后剁成蒜末备用。

3 锅中加入适量清水烧开，下入圆直面煮熟后捞出。

4 将面条过凉水，捞出沥干，淋入少许橄榄油拌匀，备用。

5 取一个大碗，碗中加入350毫升冰水及白醋、白糖、蒜末、香油、盐、鸡精、生抽，搅拌均匀，成为汤汁。

6 将面条放入汤汁中，接着码放上牛肉片和番茄片。

7 撒上熟白芝麻，即可食用。

维生素太丰富

焗菠菜千层面

50分钟　中等

特色

这道料理看上去也许外形没有那么美观，但是吃下去的第一口，绝对会让你惊艳！用叉子切下去时，露出整齐的千层切面，浓浓的牛肉和拉丝的奶酪一同入口，美味让人无法忘怀！

主料

意大利千层面3片 | 菠菜100克

辅料

黄油10克 | 洋葱50克 | 蒜末10克 | 牛肉末100克
红葡萄酒1汤匙 | 番茄酱1汤匙
马苏里拉奶酪100克 | 红酱2汤匙 | 奶酪粉少许

做法见P15

烹饪秘籍

红葡萄酒的加入可以让酒香与牛肉的丰腻肉味产生理想的效果，使得馅料更加浓郁，肉香四溢。

做法

1 将菠菜去掉根部，清洗干净，沥干水分；洋葱洗净，切成粒，备用。

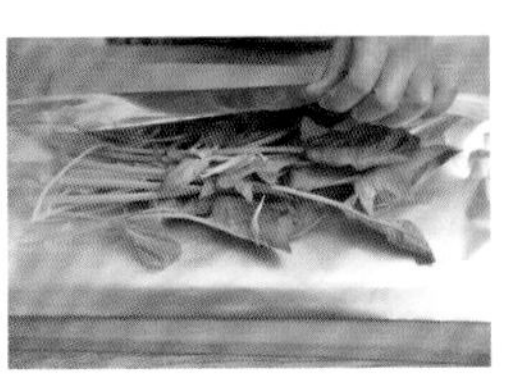

2 将菠菜用铝箔纸包起，放入预热200℃的烤箱中烤15分钟，取出切碎，备用。

3 将千层面放入沸水中煮大约6分钟后捞出，沥干备用。

4 取一锅加热，放入黄油，黄油融化后加入蒜末和洋葱末爆香。

5 接着加入牛肉末煸炒至成熟，再继续加入红葡萄酒翻炒。

6 加入红酱和番茄酱翻炒均匀，然后关火，制成馅料，备用。

7 在烤碗最底部放入一片千层面，铺上适量的馅料和菠菜碎，再盖上一片千层面，再铺上一层馅料和菠菜碎，最后再盖上一片千层面。

8 将奶酪铺在千层面上方，放入烤箱中以220℃烤约15分钟后取出，撒上奶酪粉即可食用。

让人欲罢不能

焗田园蔬菜面

30分钟　中等

特色

烤蔬菜和焗烤菜可以满足想多补充一些蔬菜，但肠胃又不太好的人群。变换一个做法，味道和口感都会得到大大的提升。搭配能充饥饱腹的意面，给身体增添了大大的力量。

主料

笔管面120克｜南瓜50克｜西蓝花50克
土豆100克｜口蘑5个

辅料

橄榄油少许｜黄油30克｜紫洋葱50克
马苏里拉奶酪碎100克｜片状奶酪2片｜鸡精2克
黑胡椒粉2克｜盐1茶匙

烹饪秘籍

焗蔬菜最好选择根茎类蔬菜，淀粉含量高，烤过之后不容易出汤。所有不能生吃的蔬菜在放入烤箱之前都要煮熟，焗烤的步骤主要是给奶酪加热，增加蔬菜的风味。

做法

1 南瓜、土豆去皮，切小块；口蘑去蒂，对半切开；紫洋葱切小片；西蓝花切小朵。

2 笔管面放入沸水中煮熟，捞出沥干水分，淋少许橄榄油拌匀，备用。

3 中小火加热炒锅，锅中放入15克黄油，黄油融化后放入洋葱片炒香。

4 放入口蘑翻炒到口蘑变色收缩，盛出待用。锅中放入剩余黄油，放入土豆和南瓜，翻炒一会儿，炒到土豆有点透明，南瓜变软一些。

5 打开锅盖，蒸干水分，放入西蓝花、炒过的洋葱和口蘑，炒匀。烤箱预热170℃。

6 将黑胡椒粉、笔管面、盐和鸡精放入炒锅，搅拌均匀。

7 炒好的蔬菜和意面取一半放入烤碗，盖上片状奶酪，然后再铺上另一半蔬菜和意面。

8 在最上面撒上马苏里拉奶酪碎，将烤碗放入烤箱中层，烘烤约15分钟，烤到奶酪融化、微微焦黄即可出锅。

恋爱的味道

女巫汤意面

60分钟　复杂

特色

看完《喜欢你》这部电影之后，对这道女巫汤意面产生了极大的好奇，就是这道料理，让对饮食极苛刻的男主人公成功地被女主角所吸引。想要收割你心目中的男神吗？那就赶快把这道料理学起来吧！

主料

甜菜根200克 | 墨鱼圆直面50克 | 圆直面50克
贝壳意面20克

辅料

鸡汁味浓汤宝1块 | 柠檬1个 | 西芹50克
番茄1个 | 胡萝卜50克 | 洋葱50克 | 红酒100毫升
橄榄油少许 | 意大利混合香料1茶匙 | 奶酪碎少许
淡奶油30毫升 | 迷迭香1根

烹饪秘籍

这道菜品来自于一部电影，相对正宗的做法是用鸡骨和牛骨熬制汤汁，比较麻烦，所以在家中为了方便，可以直接选择鸡汁浓汤宝来代替。红酒一定要最后加入，加入过早，熬煮过程中会挥发其本来的味道。

做法

1 将甜菜根洗净，去皮，切成滚刀块；柠檬洗净、切片。

2 西芹洗净后斜刀切段；番茄洗净，去蒂，切块；胡萝卜洗净，去皮，切滚刀块；洋葱洗净，切成块，备用。

3 锅中加入1200毫升清水烧开，水开后放入鸡汁味浓汤宝，搅拌让浓汤宝溶化。

4 倒入甜菜根、柠檬、西芹、番茄、胡萝卜、洋葱，熬煮40分钟，加入红酒，搅拌均匀，熬成面汤备用。

5 另起一锅，加入适量清水烧开，分别下入三种面煮熟，捞出后沥干水分，分别放入碗中，都淋入少许橄榄油拌匀，备用。

6 取一个大碗，将三种意面放入其中，注意不要混合在一起。

7 浇入熬好的面汤，撒入意大利混合香料和奶酪碎。

8 最后再淋入淡奶油，放入迷迭香在碗边点缀即可。

加倍的幸福

豆浆蛋黄双菇面

35分钟　中等

特色

非常平凡的豆浆，竟然也可以加进西式料理里？对，只要你敢想，就没有什么不可以。只要稍微花点心思，就能给生活添加惊喜。

主料

锯齿面120克｜原味豆浆200毫升｜杏鲍菇50克
蟹味菇50克｜蛋黄2个

辅料

橄榄油10毫升｜洋葱50 克｜黑胡椒碎2克
淡奶油1汤匙｜盐1茶匙｜鸡精1/2茶匙
白酱1汤匙

做法见P16

烹饪秘籍

这是一道酱汁非常浓郁的面条，所以选择了顺口弹牙、吸附酱汁能力强的锯齿面。蛋黄要等面条稍微凉一下后再加入，这样可以避免过热让蛋黄成熟，失去了溏心的口感。

做法

1 蟹味菇切去根，掰散，洗净，沥干。杏鲍菇洗净、去根，切成和蟹味菇匹配的大小。洋葱去皮，洗净，切粒。

2 炒锅加热，倒入橄榄油，放入洋葱粒炒香。

3 放入蟹味菇和杏鲍菇，转中火，将蘑菇炒出香味，加入黑胡椒碎，炒匀。

4 加入豆浆、鸡精、盐、淡奶油和白酱，大火煮开，炖煮一会儿至酱汁浓稠。

5 另起一锅，加入适量清水烧开，下入锯齿面煮熟。

6 将煮熟的面条直接放在炒酱的锅中，搅拌均匀，立即关火。

7 将面条稍微晾凉，再加入蛋黄，搅拌均匀，盛出装盘，即可食用。

凉吃也好味

西芹冷汤面

60分钟　中等

特色

西芹有着极高的营养价值，经常食用有减肥降压的功效，但有人却不喜欢它微涩的口感，那就把它榨成汁吧，再佐以最常见的调料制成面汤，酷热的季节来一碗，绝对能平息心中的烦躁。

主料

天使面120克｜西芹100克

辅料

胡萝卜50克｜大蒜3瓣｜小米椒3个
白醋20克｜白糖10克｜盐1茶匙
鸡精1茶匙｜橄榄油2茶匙｜腰果仁6个

烹饪秘籍

天使细面是极容易成熟的面条，所以在煮的时候一定要注意火候，不能煮得过久，大概5分钟就可捞出。

做法

1 将西芹洗净，切成小段，放入料理机，加入300毫升冰水，搅打成西芹汁，过滤后倒入碗中备用。

2 将胡萝卜洗净，切成边长1厘米的方丁；大蒜去皮后切成蒜末；小米椒洗净，切成小粒，备用。

3 西芹汁中加入胡萝卜丁、蒜末和小米椒粒。

4 接着加入白醋、白糖、盐、鸡精和橄榄油，搅拌均匀，调成面汤备用。

5 锅中加入适量清水烧开，下入天使面煮熟，捞出沥干水分。

6 将面条过凉水，捞出后沥干水分，直接放入到面汤中。

7 撒入腰果仁，食用时搅拌均匀即可。

简单比萨

果味海鲜

鲜虾菠萝比萨

30分钟　简单

特色

鲜嫩多汁的大虾，搭配酸甜爽口的菠萝，颜色就已经很是讨喜了，再佐以甜甜的沙拉酱，这道比萨真的美味哦。

主料

芝心比萨饼皮1张 | 新鲜大虾150克 | 菠萝100克

做法见P26

辅料

料酒1汤匙 | 生姜4片 | 带甜味的沙拉酱2汤匙
黄桃（罐头）50克 | 马苏里拉奶酪100克 | 盐少许

烹饪秘籍

菠萝和黄桃本来就已经是成熟了的水果，所以在烤的时候和饼皮分开烤制，这样可以避免水果烤的时间过长失去了原有的鲜甜。

做法

1 新鲜大虾开背，去头，去壳，去虾线，尾巴可以不用剥掉。如果喜欢虾背完整，可以不开虾背，挑去虾线即可。

2 锅中加入适量清水、生姜片和料酒，烧开。

3 将虾仁放入水中汆烫成熟后捞出，沥干水分备用。

4 将菠萝洗净，切成薄片，放入淡盐水中浸泡备用。

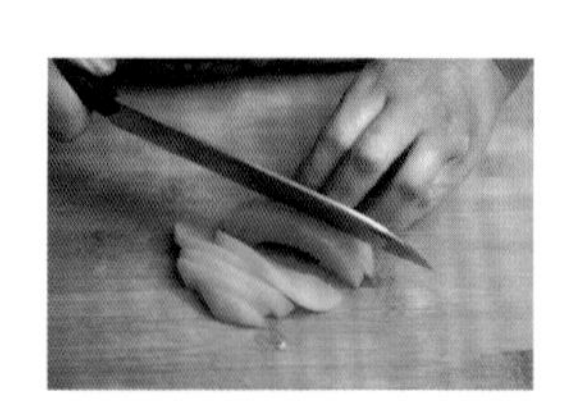

5 将黄桃从罐中取出，切成薄片备用。烤箱预热200℃。

6 将沙拉酱均匀涂抹在饼底上。撒入一半的奶酪碎，放入烤箱中，以上火200℃、下火150℃烤6分钟后取出。

7 将虾仁、菠萝片和黄桃片整齐地码放在已经烤到半熟的比萨上，撒上剩余的奶酪碎。

8 继续放入烤箱中，以相同的温度，烤约3分钟至奶酪融化即可拿出。

可爱小圆球

麻辣虾球比萨

60分钟　复杂

特色

作为一个吃货，就是要不断探索美食中的奥秘，再充分发挥自己的想象，很多美味的料理都是这样被创造出来的。爱吃重口味的同学可以试一下这道料理，麻辣味的小龙虾和比萨搭配在一起，二者相得益彰，彼此成就。

主料

小龙虾15只｜厚底比萨皮1张

做法见P22

辅料

食用油1汤匙｜生姜4片｜小米椒4个｜葱段10克
郫县豆瓣酱20克｜白糖5克｜鸡精1茶匙
生抽1汤匙｜啤酒250毫升｜大蒜5瓣
马苏里拉奶酪100克

烹饪秘籍

1. 去小龙虾的尾巴时，直接拉出虾线，然后不断用清水冲洗，最好借助小牙刷一个个将虾球刷洗干净。
2. 这款比萨的酱汁用的是炖煮虾肉的汁，因为豆瓣酱和生抽里都已经有盐分了，为了防止酱汁过咸，所以不需要再额外加盐了。

做法

1 小龙虾洗净，去掉头部、尾巴及虾线，洗净。生姜片切成细丝；大蒜去皮、切片；小米椒洗净，切成小粒。

2 起锅烧热油，油温升至七成热时，下入姜丝、蒜片、小米椒粒和葱段炒出香味。

3 转小火，放入郫县豆瓣酱，炒出红油。

4 接着加入虾球、生抽、鸡精、白糖，翻炒至虾球微微变色。

5 倒入啤酒和适量清水，水量不要加过多，没过虾肉即可。盖上锅盖，大火煮至汤汁略微黏稠，关火。

6 待虾球晾凉，取出来将虾壳剥掉，只留下虾肉。

7 将饼底放在烤盘上，在饼底上涂抹上炖煮虾球的汤汁，再撒上一半的奶酪碎，烤箱预热200℃。

8 将虾肉平铺在饼底上，再撒上剩余的奶酪碎。将烤盘放入预热好的烤箱中层，烘烤约10分钟即可。

来自异国的慰问

海鲜泡菜比萨

25分钟　中等

特色

记得很久以前曾经吃过一道海鲜泡菜饼，煎好的饼又香又酥，一口咬下去，既有泡菜爽脆香辣的口感，又略带辛辣的甜味，层次丰富极了，把它用比萨的形式呈现出来，魅力依然不减。

主料

韩式泡菜60克｜速冻虾仁30克｜速冻墨鱼圈30克
薄脆比萨皮1张

做法见P24

辅料

生姜2片｜料酒1汤匙｜橄榄油10毫升｜洋葱30克
青椒30克｜红椒30克｜马苏里拉奶酪碎100克
红酱20克

做法见P15

烹饪秘籍

在炒泡菜的时候一定要用小火，否则泡菜会很容易煳，散发出焦的气味，影响整道比萨的风味。

做法

1 将速冻虾仁和墨鱼圈冲去浮冰，沥干，放入碗中，加入生姜片和料酒抓匀，腌制10分钟，备用。

2 将泡菜切成小块；洋葱洗净、切丝；青红椒分别洗净，斜切成圈，备用。

3 炒锅加热，放入橄榄油，下入洋葱丝翻炒，略微炒软即可。

4 加入虾仁、墨鱼圈和泡菜，小火翻炒均匀，关火，备用。

5 将红酱均匀涂抹在薄脆比萨饼底中，并撒入三分之二的奶酪碎。

6 将炒好的馅料均匀平铺在奶酪上。烤箱预热200℃。

7 放入青椒圈和红椒圈，撒入剩余的奶酪碎。

8 将比萨放入预热好的烤箱中，以上火200℃、下火160℃的温度烘烤8~10分钟即可。

光吃馅料也满足

海陆豪华比萨

35分钟　中等

特色

相信你学会在家制作比萨之后，对必胜客之类的比萨店就会很失望了。亲自下厨就是要按照自己的口味来，馅料也一定要超满足！鲜香的肉片、新鲜清爽的蔬菜以及浓郁足量的奶酪，吃下去就是一个“爽”。

主料

速冻虾仁50克｜速冻墨鱼圈50克｜琵琶腿1个
厚底比萨皮1张

做法见P22

辅料

淀粉1茶匙｜生抽2茶匙｜料酒1汤匙｜洋葱50克
口蘑5个｜青椒30克｜红椒30克｜盐2克
鸡精1茶匙｜黑椒汁1汤匙｜马苏里拉奶酪碎100克
生姜4片｜食用油10毫升

烹饪秘籍

黑椒汁比较咸，涂的时候下手不要太狠。因为炒过的蘑菇鸡肉颜色比较暗，如果觉得不够漂亮，再稍微添加一些颜色明亮的玉米粒也是可以的。

做法

1 将鸡肉从腿骨上剔下来，去掉鸡皮和白筋，切成略大的肉丁。虾仁和墨鱼圈用清水冲去浮冰，沥干备用。

2 口蘑去蒂，每个切成4瓣。洋葱切成小片；青红椒分别洗净，切成圈。

3 将鸡腿肉放入碗中，加入生抽、生姜片、淀粉和料酒，抓拌均匀，腌制15分钟。

4 中火加热炒锅，放油烧热后放入鸡腿肉，滑炒到鸡肉变色。

5 放入洋葱片，炒到洋葱略透明，放口蘑块、青红椒圈，炒到蘑菇收缩即可关火，拌入盐。另起锅，加入适量清水烧开，放入虾仁和墨鱼圈氽烫成熟，捞出后沥干水分备用。烤箱预热200℃。

6 将饼底放在烤盘上，在饼底上均匀涂抹黑椒汁，放入虾仁和墨鱼圈，铺上一半马苏里拉奶酪碎。

7 将鸡肉平铺在上层，再撒上剩余的奶酪碎，将烤盘放入预热好的烤箱中层，烘烤约10分钟，将奶酪烤化即可。

饼底嘎嘣脆

墨鱼薄脆比萨

35分钟　简单

特色

有人不喜欢吃比萨，是因为觉得饼底的口感又油又厚重。强烈推荐薄脆比萨，刚出炉时的口感就像饼干一样又香又脆！可以搭配海鲜，也可以搭配蔬菜。

主料

速冻墨鱼圈100克｜薄脆比萨皮1张

做法见P24

辅料

生姜4片｜料酒1汤匙｜白胡椒粉2克

圣女果5颗｜洋葱50克｜黑橄榄5颗

马苏里拉奶酪碎100克｜黑胡椒碎少许

墨西哥风情辣酱1汤匙

做法见P21

烹饪秘籍

墨鱼圈放入热水中一打卷就立即捞出，煮太久会让墨鱼肉质老化。墨鱼圈捞出后一定要沥干水分，否则会影响比萨出炉时本该有的酥脆。

做法

1 将墨鱼圈解冻，冲洗后沥干水分，放入碗中，加入生姜片、料酒和白胡椒粉，抓匀腌制片刻。

2 将圣女果洗净，对半切开；洋葱洗净后切丝；黑橄榄切片，备用。

3 将腌制好的墨鱼圈放入沸水中汆烫成熟，捞出后沥干水分备用。

4 将比萨饼皮放在烤盘上，在饼底上均匀涂抹上墨西哥风情辣酱。

5 将墨鱼圈整齐码放在饼皮上，四周摆放上圣女果，中间撒入洋葱丝。

6 接着撒入黑橄榄片和奶酪碎，烤箱预热200℃。

7 将比萨放入预热好的烤箱中，以上火200℃、下火150℃烤8分钟左右。

8 将烤好的比萨取出，撒上黑胡椒碎即可。

大海的赐予

金枪鱼比萨

25分钟　简单

特色

比萨饼皮经过烘烤散发出诱人的香气，配上低热量又鲜美的金枪鱼肉，加上维生素含量丰富的青豆，这是一款口感和营养都非常丰富的比萨。

主料

金枪鱼罐头1罐 | 厚底比萨皮1张

做法见P22

辅料

速冻玉米粒50克 | 青豆30克 | 洋葱30克
黑橄榄5颗 | 沙拉酱1汤匙 | 马苏里拉奶酪碎100克
红酱20克

做法见P15

烹饪秘籍

金枪鱼虽然鲜美，但是仍带有一点海腥味，沙拉酱的加入可以掩盖这个不足。

做法

1 将速冻玉米粒冲去浮冰；洋葱洗净、切圈；黑橄榄切片；青豆洗净。

2 将金枪鱼肉取出放入碗中，加入沙拉酱，搅拌均匀，备用。

3 取一片厚底比萨饼皮，解冻，备用。

4 将饼底放在烤盘上，在饼底上均匀涂抹上红酱。

5 在酱汁上撒入一半的奶酪碎。烤箱预热200℃。

6 将金枪鱼肉平铺在饼底上，接着撒入玉米粒、青豆粒和黑橄榄片。

7 最后放入洋葱圈，把剩余的奶酪碎撒在馅料上，将烤盘放入烤箱中层，以上火200℃、下火150℃烘烤8分钟左右即可。

漫步在东京街头

烧鳗鱼比萨

35分钟　简单

特色

鳗鱼的口感、味道、营养都近乎完美。记得曾在一部电影里看到一个画面：在一家鳗鱼店里，厨师将沾满了酱汁的鳗鱼片串在竹签上，在炭火上烤得滋滋冒油，令人垂涎欲滴。新鲜鳗鱼并不容易买到，用半成品来解馋，也是一个不错的选择。

主料

冷冻烤鳗鱼1条｜厚底比萨皮1张

做法见P22

辅料

食用油5毫升｜照烧酱汁1汤匙
马苏里拉奶酪碎100克｜小葱1根｜白芝麻适量
海苔碎少许

烹饪秘籍

市售的冷冻鳗鱼每个品牌的口味都会不太一样，可以根据自己的口味来选择。如果觉得鳗鱼的口味比较淡，也可以提前在鳗鱼身上刷上一层照烧汁腌制片刻，使其更加入味。

做法

1 将鳗鱼从包装袋中取出，室温解冻。

2 将小葱洗净，切成葱末。

3 将平底锅烧热，锅中涂抹少许食用油，将解冻的鳗鱼放入锅中小火慢煎，有鱼皮的一面先朝下。

4 小火煎至鳗鱼两面都发出焦香，关火取出，略微晾凉。

5 将鳗鱼切成小段，放入碗中备用。

6 将饼底放在烤盘上，在饼底上均匀涂抹照烧酱汁，撒上一半的奶酪碎，烤箱预热200℃。

7 将成熟的鳗鱼段平铺在奶酪碎上，均匀撒上白芝麻、海苔碎和葱末。

8 再撒上剩余的奶酪碎，将烤盘放入烤箱中层，以上火200℃、下火150℃烘烤约10分钟左右至奶酪融化即可。

最简单的比萨

三文鱼比萨

40分钟　简单

特色

小清新的比萨，没有番茄红酱的浓郁味道，但是芥末奶油酱一样好吃，和三文鱼搭配在一起，简直就是神仙眷侣一般的组合。

主料

三文鱼刺身150克｜厚底比萨饼皮1张

做法见P22

辅料

柠檬汁10毫升｜黄油适量｜马苏里拉奶酪碎120克
青椒50克｜红椒50克｜什锦蔬菜丁30克
黑橄榄5颗｜法式芥末奶油酱20克｜黑胡椒碎2克

做法见P21

烹饪秘籍

三文鱼片腌制后要将表面水分用厨房纸巾吸干一下，避免弄湿饼底。

做法

1 将三文鱼洗净，切成大小合适的厚片，放入碗中。

2 碗中加入柠檬汁，同鱼肉一起抓拌均匀，腌制10分钟。

3 青椒、红椒洗净，分别切成圈；黑橄榄切片备用。

4 烤箱预热200℃，烤盘上垫油纸，在油纸上刷上一层软化的黄油，让饼底更香。

5 将饼底转移到烤盘上，在上面均匀涂抹上一层法式芥末奶油酱。

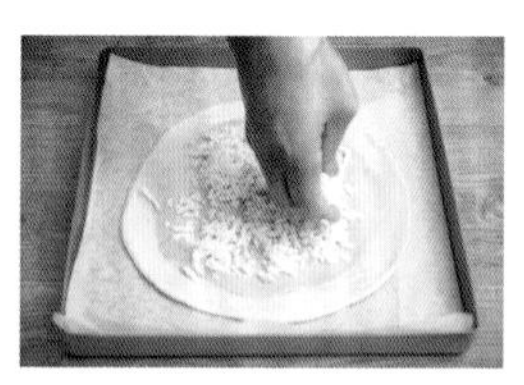

6 取一半的奶酪碎，均匀撒在饼底上。

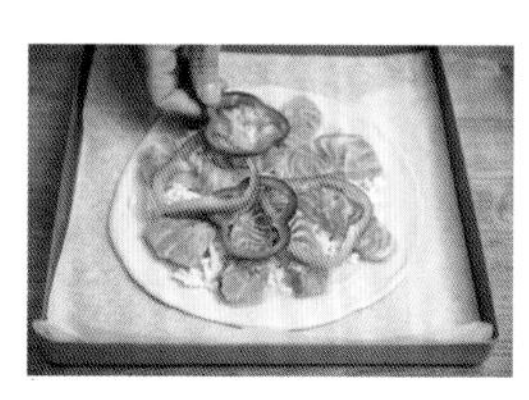

7 接着码入腌制好的三文鱼片、青红椒圈，再铺上剩余的奶酪碎。

8 撒入黑胡椒碎、什锦蔬菜丁和黑橄榄片，放入烤箱中层，烘烤20分钟左右即可拿出。

爱的就是这一口

北京烤鸭比萨

25分钟　简单

特色

烤鸭是地道的北京味儿，它的盛名享誉中外。色泽红润，肉质肥而不腻，用来做比萨的馅料也是十分合适的。

主料

厚底比萨饼皮1张 | 烤鸭腿2只 | 大葱50克

做法见P22

辅料

甜面酱20克 | 马苏里拉奶酪碎100克

烹饪秘籍

比萨的酱底也可以替换成法式芥末奶油酱，鸭肉同芥末搭配在一起味道也会很好。

做法

1 将烤鸭腿上的肉用刀片成薄片，放入碗中备用。

2 大葱洗净，斜切成葱圈，备用。

3 将饼底放在烤盘上，在饼底上均匀涂抹上甜面酱。

4 撒上一半的奶酪碎，烤箱预热200℃。

5 将鸭腿肉整齐码放在奶酪碎上面，并撒入葱圈。

6 再把剩余的奶酪碎撒在最上层，将烤盘放入烤箱中层，烘烤约10分钟，将奶酪烤化即可。

浓厚川蜀味

宫保鸡丁比萨

35分钟　复杂

特色

比萨上除了可以撒火腿、蔬菜等各种独立配料，还可以铺上炒好的馅料。中国传统名菜宫保鸡丁和比萨饼底又擦出了不一样的火花，就算是光吃馅料也是让人满足的。

主料

鸡琵琶腿1个 | 厚底比萨皮1张

做法见P22

辅料

料酒10克 | 白胡椒粉1/2茶匙 | 食用油8毫升
姜末5克 | 蒜末5克 | 葱末5克 | 花椒粒2克
干辣椒段3克 | 小米椒粒5克 | 郫县豆瓣酱10克
黄瓜50克 | 胡萝卜50克 | 生抽10克 | 陈醋1茶匙
料酒1茶匙 | 白糖5克 | 盐少许 | 水淀粉2汤匙
马苏里拉奶酪100克

烹饪秘籍

这款比萨不需要再额外放酱汁，因为宫保鸡丁本身就是一道酱汁浓郁的菜肴。同时汤汁也不能放过多，食材和奶酪尽量相互叠压，那样更容易让馅料和奶酪、饼底融合在一起。

做法

1 将鸡肉从腿骨上剔下来，去掉鸡皮和筋膜，切成略大的肉丁。如果喜欢吃鸡皮，可以保留。

2 鸡腿肉放入碗中，加入5克料酒和白胡椒粉抓拌均匀，腌制15分钟。

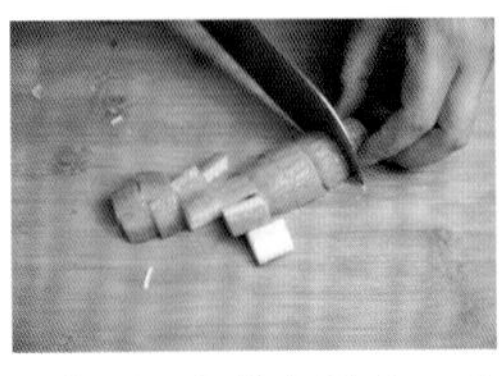

3 黄瓜、胡萝卜洗净，分别切成边长1厘米的方丁备用。

4 中火加热炒锅，锅中倒入食用油，下入葱姜蒜末、花椒粒、干辣椒段和小米椒粒，煸炒出香味。

5 转小火，加入郫县豆瓣酱煸炒出红油，接着加入鸡肉丁，滑炒至鸡腿肉变色。

6 加入黄瓜丁和胡萝卜丁，倒入生抽、料酒、陈醋、白糖和盐，翻炒至蔬菜断生。加入水淀粉，大火烧至汤汁黏稠，关火。

7 将饼底放在烤盘上，在饼底上撒上一半马苏里拉奶酪碎，烤箱预热200℃。

8 将炒好的馅料连同部分汤汁平铺在饼底上，再撒上剩余的奶酪碎，将烤盘放入烤箱中层，烘烤约10分钟，将奶酪烤化即可。

北海道风情

照烧鸡肉比萨

50分钟 中等

特色

照烧鸡腿是大家都熟知的一种美味的烹饪鸡肉的方式。浓郁鲜香的酱汁包裹着多汁滑嫩的鸡肉，再搭配奶酪含量超级丰富的比萨饼，简直让人欲罢不能。

主料

鸡琵琶腿2个 | 芝心比萨皮1张

做法见P26

辅料

料酒1汤匙 | 红糖1汤匙 | 大蒜5瓣 | 生姜4片
日式酱油1汤匙 | 照烧酱汁1汤匙
马苏里拉奶酪碎100克 | 白芝麻适量 | 食用油少许
蜂蜜2茶匙

烹饪秘籍

鸡皮含有比较多的脂肪，从健康的角度考虑，这里去掉了鸡皮，如果喜欢也可以不去掉，但是进行煎制的时候要先煎带皮的一面，这样可以逼出鸡皮含有的多余油脂。

做法

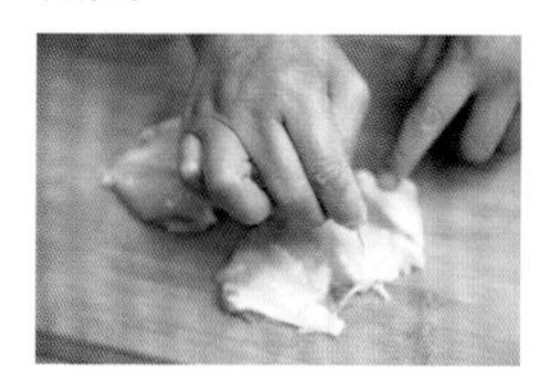

1 将鸡肉从腿骨上剔下来，去掉鸡皮和白筋，并用竹签在表面多扎几下；生姜切成姜末；大蒜去皮后切粒。

2 准备一个密封袋，袋中加入适量清水、料酒、红糖、蜂蜜、姜末、蒜粒和日式酱油。

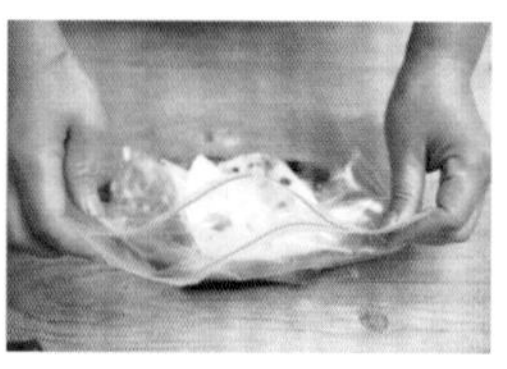

3 将处理好的鸡腿放入袋中，排出多余空气，放入冰箱中至少腌制30分钟。

4 平底锅加热，用食用油将锅底抹匀，油温升至五成热时，将鸡腿肉抖掉姜末和蒜粒，放入锅中煎至两面焦黄上色。

5 将煎好的鸡肉取出，略微放凉，用快刀切成小块，备用。

6 将饼底放在烤盘上，在饼底上涂上一层照烧酱，上面撒上一半的奶酪碎。烤箱预热200℃。

7 将煎好的鸡肉平铺在饼底上，撒上白芝麻。

8 再撒上剩余的奶酪碎，将烤盘放入烤箱中层，烘烤约15分钟，看到奶酪融化并呈金黄色即可。

最爱那点点绿

鸡柳青豆比萨

40分钟　简单

特色

喷香的鸡胸肉，绿油油的青豆，一份比萨不仅要好吃，更要同时满足人体对碳水化合物、脂肪、蛋白质和维生素的诸多需求！

主料

厚底比萨皮1张 | 鸡小胸4条 | 青豆100克

做法见P22

辅料

蜂蜜1茶匙 | 黑胡椒粉1/2茶匙 | 盐1/2茶匙
鸡精1/2茶匙 | 大蒜5瓣 | 马苏里拉奶酪碎100克
食用油少许 | 红酱20克

做法见P15

烹饪秘籍

炒鸡肉的时候一定要用小火，因为蒜粒和鸡肉一同炒制，如果火候把握不好，蒜粒容易煳。

做法

1 将鸡胸肉剔去多余脂肪，剥掉筋膜，顺着纹路切成细条。

2 青豆洗净，沥干水分；大蒜去皮后切成蒜粒，备用。

3 鸡肉放入碗中，加入蜂蜜、黑胡椒粉、鸡精、盐、蒜粒，抓拌均匀，密封腌制20分钟。

4 平底锅烧热，锅底抹少许油，将鸡肉同料汁一同倒入锅中，小火翻炒至鸡肉变色。

5 加入青豆粒，继续翻炒几下，关火。

6 将饼底放在烤盘上，在饼底上均匀涂抹上红酱，上面撒上一半奶酪碎。烤箱预热200℃。

7 将炒好的鸡肉和青豆平铺在饼底上。

8 再撒上剩余的奶酪碎，将烤盘放入预热好的烤箱中层，烘烤约10分钟至奶酪融化即可。

happiness

源自西北的美味

葱爆羊肉比萨

40分钟　中等

特色

这依然是一道铺上炒好馅料的比萨，只不过馅料换成了中式餐桌上常见的葱爆羊肉。羊肉滑嫩，鲜香不膻，吃过一定会回味无穷。

主料

厚底比萨皮1张｜羊后腿肉200克｜大葱100克

做法见P22

辅料

生姜5片｜料酒1汤匙｜白胡椒粉2茶匙
淀粉1茶匙｜食用油10毫升｜大蒜5瓣｜生抽1汤匙
蚝油1茶匙｜盐1/2茶匙｜鸡精1/2茶匙
水淀粉20克｜马苏里拉奶酪碎100克

做法

1 将羊后腿肉洗净，顺着纹路横切成薄片，放入碗中。

2 碗中加入姜片、料酒、白胡椒粉和淀粉，同羊肉一起抓拌均匀，腌制15分钟以上。

3 将大葱洗净，斜切成葱丝；大蒜去皮后切片，备用。

4 起锅加入食用油，油温升至六成热时，下入腌制好的羊肉片迅速滑炒至肉片变色。

5 下入葱丝和蒜片一起煸炒至葱丝变软，加入生抽、蚝油、盐和鸡精炒匀，倒入水淀粉，大火将汤汁收浓，关火。

6 将饼底放在烤盘上，在饼底上面撒入一半奶酪碎，烤箱预热200℃。

7 将炒好的馅料和适量汤汁平铺在饼底上。

8 再撒上剩余的奶酪碎，将烤盘放入烤箱中层，上下火200℃烘烤至奶酪颜色呈金黄色即可。

烹饪秘籍

羊肉片尽量切得薄一些，类似于一元硬币的厚度最好，这样成熟得也会更加容易。羊肉带有膻气，腌制的时间可以稍微长一些。

酷酷的味道

牛肉洋葱比萨

40分钟　中等

特色

牛肉入口软嫩，洋葱香气浓郁，加入少许黑胡椒碎，又突出了洋葱炒到焦化的香味。配料简单，做法也不复杂，放在比萨底上，有肉有菜有主食，吃出满满的能量。

主料

厚底比萨皮1张｜牛里脊肉200克｜洋葱150克

做法见P22

辅料

生姜4片｜料酒1汤匙｜蛋清1个｜淀粉1茶匙
食用油10毫升｜黑椒汁2汤匙
马苏里拉奶酪碎100克｜黑胡椒碎1茶匙

做法

1 将牛里脊肉洗净，用厨房纸巾吸掉多余的水分，顺着纹路切成薄片。

2 将牛肉放入碗中，加入姜片、料酒、黑胡椒碎、蛋清和淀粉，抓拌均匀，腌制15分钟以上。

3 洋葱洗净，切成稍微粗一点的丝，备用。

4 中火加热炒锅，放油烧热后放入腌制好的牛肉，生姜片取出不要，滑炒到牛肉变色。

5 放入洋葱丝，炒到洋葱成焦黄色，然后倒入1汤匙黑椒汁，翻炒均匀。

6 将饼底放在烤盘上，在饼底上涂上1汤匙黑椒汁，撒上一半的奶酪碎。烤箱预热200℃。

7 将炒好的洋葱牛肉平铺在饼底上，再撒上剩余的奶酪碎，将烤盘放入预热好的烤箱中层，烘烤约10分钟，将奶酪烤化即可。

烹饪秘籍

牛肉洗净后一定要用纸巾吸去水分，这样在后期腌制时，肉才能吸收腌料汁的风味，炒出来的牛肉口味才会更加浓郁。

地道粤式滋味

翡翠牛肉比萨

35分钟　简单

特色

广东人非常喜欢吃牛肉丸，手打出来的牛丸，劲道弹牙，经过烘烤之后，表皮会紧紧缩起来，和奶酪搭配在一起，本身就鲜美的它们又多了一层醇厚滋味。

主料

手打熟牛肉丸8个｜厚底比萨皮1张

做法见P22

辅料

马苏里拉奶酪100克｜黄甜椒50克｜红甜椒50克
洋葱30克｜红酱2汤匙｜上海青30克

做法见P15

烹饪秘籍

制作比萨时要注意铺料的顺序，肉类的食材最好放底下，然后再放蔬菜，蔬菜的量不要过多，否则经过烤制后蔬菜脱水会弄湿整张饼皮。

做法

1 将洋葱洗净，切成细丝；上海青洗净，用手掰成小块，备用。

2 红椒、黄椒洗净，分别切成圈备用。

3 将牛肉丸对半切开，备用。

4 将红酱倒入比萨饼底中，借助勺子均匀涂抹开。

5 撒上三分之一的奶酪碎，接着放入牛肉丸、红椒圈、黄椒圈、洋葱丝。烤箱预热200℃。

6 最后放入上海青，撒入剩余的奶酪碎。

7 将比萨放入烤箱中，以上火200℃、下火100℃烘烤10分钟左右至奶酪的颜色微微变黄即可。

满足中国胃

糖醋里脊比萨

40分钟　中等

特色

传统的糖醋里脊要经过油炸，热量实在是让人望而却步。那就把它改良一下吧，吃在嘴里依然能感受到肉质的紧实鲜嫩。晒着冬日的阳光，拿起一块糖醋里脊比萨，吃饭真的是一件非常幸福的事情。

主料

猪里脊200克 | 厚底比萨皮1张

做法见P22

辅料

料酒1汤匙 | 淀粉1/2茶匙 | 白糖1汤匙 | 香醋1汤匙
生抽1汤匙 | 老抽1茶匙 | 蚝油2茶匙
食用油10毫升 | 生姜4片 | 葱段10克 | 大蒜5瓣
水淀粉20克 | 马苏里拉奶酪碎100克

烹饪秘籍

猪肉可以尽可能地多腌制一段时间，这样炒出来的口感会非常嫩滑。

做法

1 将猪里脊肉洗净，顺着纹路切成长3厘米的细条，放入碗中。

2 碗中加入淀粉、料酒，和猪肉抓拌均匀，腌制15分钟，备用。

3 生姜片切成细丝；葱段斜切成细丝；大蒜去皮后切片，备用。

4 取一个小碗，加入白糖、香醋、生抽、老抽和蚝油，调成糖醋汁备用。

5 中火加热炒锅，倒入食用油，烧七成热时下入姜丝、葱丝和蒜片煸炒出香味，下入猪肉，快速滑炒至变色。

6 倒入糖醋汁，同猪肉翻炒均匀，接着加入水淀粉，大火烧开至汤汁黏稠。

7 将饼底放在烤盘上，在饼底上先涂少量的里脊酱汁，在上面撒上一半的奶酪碎，烤箱预热200℃。

8 将炒好的馅料平铺在奶酪上，尽量将馅料沥干，只要馅料不要汤汁。再撒上剩余奶酪碎，将烤盘放入烤箱中层，烘烤约10分钟至奶酪烤化即可。

金黄的画卷

南瓜肉丁比萨

40分钟　简单

特色

南瓜的橙色是天然的着色剂，给这款比萨带来了暖阳般的色彩，再配以猪肉特有的肉香，口感多了几分层次。

主料

厚底比萨皮1张｜南瓜150克｜猪里脊肉100克

做法见P22

辅料

生姜2片｜蛋清1个｜生抽2茶匙｜白胡椒粉1/2茶匙
食用油10毫升｜大蒜3瓣｜盐1茶匙｜鸡精1茶匙
淀粉1/2茶匙｜马苏里拉奶酪碎120克

做法

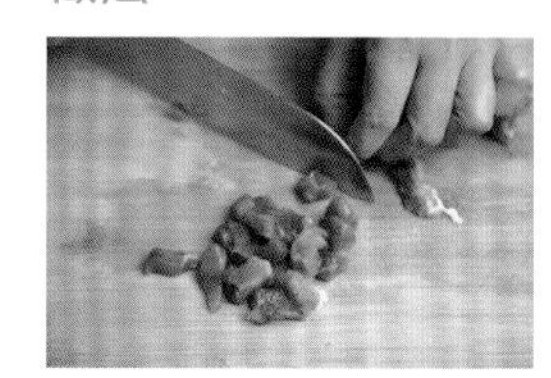

1 将猪肉洗净，用厨房纸巾吸干水分，切成边长1厘米的方块；大蒜去皮、切成粒，备用。

2 将猪肉放入碗中，加入姜片、蛋清、淀粉、生抽和白胡椒粉，抓拌均匀，腌制10分钟。

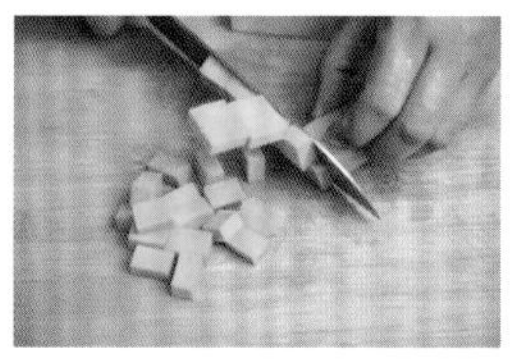

3 南瓜去皮、去子，切成小块，放入蒸锅或者微波炉中，加热到南瓜柔软。

4 中火加热炒锅，放油烧热后放入蒜粒，小火炒香，加入猪肉滑炒至肉变色，姜片取出不要。

5 放入南瓜块一起翻炒，用铲子将南瓜块稍微捣碎至黏稠，加入盐和鸡精调味。

6 将饼底放在烤盘上，上面撒上一半的奶酪碎，烤箱预热200℃。

7 将炒好的馅料平铺在饼底上。

8 再撒上剩余的奶酪碎，将烤盘放入预热好的烤箱中层，烘烤约10分钟至奶酪融化即可。

烹饪秘籍

这道沙拉中的南瓜可以根据个人口味，选取嫩南瓜或者糯南瓜，口感会有不同，但是和猪肉搭配起来，都会很和谐。

Modern Style

料足味美

广式腊肠比萨

25分钟　简单

特色

广东人家里常备腊肉腊肠，腊肠不仅可以用来做腊味煲仔饭，就地取材做成比萨也是极其美味的。这是一道中西合璧的创意新料理。

主料

广式腊肠120克 | 薄脆比萨皮1张

做法见P24

辅料

马苏里拉奶酪碎100克 | 奶酪粉2茶匙 | 鸡蛋1个
西芹末少许 | 红酱2汤匙

做法见P15

烹饪秘籍

这款比萨的香肠可以根据自己的喜好随意进行替换，换成意式腊肠或者德国香肠都可以。

做法

1 将广式腊肠斜切成薄片，备用。

2 将饼底放在烤盘上，放入红酱，并用勺子背均匀涂抹在饼底上。

3 接着撒入一半的奶酪碎。

4 将腊肠片整齐码放在比萨饼皮四周，中间留出一个圆形的位置。

5 将剩余的奶酪碎整齐码放在腊肠上面，中间的圆形位置依旧留出来。烤箱预热200℃。

6 将蛋壳磕碎，鸡蛋打入比萨中间的圆形位置中。

7 将比萨放入预热好的烤箱中层，保持温度，烘烤10~15分钟。取出后撒上西芹末和奶酪粉即可。

风风火火闯九州

风火轮比萨

25分钟　复杂

特色

这款比萨外表看上去像极了神话故事里哪吒踩的“风火轮”，但其实里面是加了分量满满的奶酪，一口咬下去，奶香充满口腔，不禁感叹：生活怎会如此美好。

主料

高熔点奶酪200克｜新鲜厚底比萨皮1张

做法见P22

辅料

马苏里拉奶酪100克｜香肠1根｜火腿50克
青豆30克｜玉米粒（罐头）30克｜洋葱30克
苦苣叶少许｜红酱20克

做法见P15

烹饪秘籍

菜谱主要介绍了卷心比萨皮的制作方法，看似复杂，其实非常简单，就是在厚底比萨做法的基础上，多了一个卷入外层奶酪的步骤。

做法

1 取一张刚做好的比萨皮，将边缘卷入高熔点奶酪块。

2 用蛋糕分割器从比萨皮上方压下，令比萨皮呈现出12等份的压线。

3 再将比萨皮卷起的边缘用刀将每一等份切分成2等份，共切成24等份。

4 依序将切好的外围奶酪卷拉起并转成垂直状即可。

5 香肠斜切成薄片；火腿切成方片；洋葱洗净、切细丝；青豆洗净、沥干。烤箱预热200℃。

6 将红酱放入饼皮中央，用汤匙均匀涂抹开，铺上三分之一的奶酪碎。

7 接着加入香肠片、火腿片、青豆、玉米粒和洋葱丝。

8 再铺上剩余的奶酪碎，放入预热好的烤箱中，以上火200℃、下火100℃烘烤10分钟拿出，撒上苦苣叶即可。

颜值满分

超级什锦比萨

35分钟　中等

特色

自己在家制作比萨的好处就是馅料想放多少就放多少，想放什么就放什么，自己下厨追求的就是一个"我愿意"。松软的比萨饼底和丰富的馅料，每一口下去，带来的都是惊喜。

主料

洋葱50克 | 青豆30克 | 口蘑20克 | 胡萝卜20克

培根50克 | 厚底比萨皮1张

做法见P22

辅料

橄榄油10毫升 | 鸡精2克 | 盐2克

马苏里拉奶酪碎150克 | 红酱2汤匙

做法见P15

烹饪秘籍

因为比萨的饼底是半熟的，馅料是全熟的，所以烘烤时间很短，只要把奶酪烤化就可以了。

做法

1 将青豆洗净；口蘑洗净，去掉根部，切片；胡萝卜洗净，切成边长1厘米的方丁；洋葱洗净，切丝。

2 将培根切成宽条，备用。

3 中火加热炒锅，锅中不放油，放入培根炒到微焦，肉片收缩。开始收缩时就盛出来，别烤干了。

4 将炒锅洗净，小火加热，放入橄榄油，下入洋葱丝炒出香味。

5 加入青豆、胡萝卜丁和口蘑片翻炒，略微变软后加入培根，加入盐和鸡精调味，翻炒均匀。烤箱预热190℃。

6 将饼皮放在烤盘上，在饼底上涂上2汤匙红酱，上面撒入一半的奶酪碎。

7 将炒好的馅料平铺在饼底上。

8 再把剩余的奶酪碎撒在馅料上，将烤盘放入预热好的烤箱中层，烘烤约10分钟，将奶酪烤化即可。

维生素大爆炸

彩蔬比萨

25分钟　简单

特色

不爱吃肉的你即使面对好吃的比萨也不想张口？这个问题很好解决，只要把馅料都更换成自己爱吃的蔬菜就可以了，多吃蔬菜对身体确实很好哦。

主料

青椒30克｜红椒30克｜黄椒30克
芝心比萨皮1张

做法见P26

辅料

马苏里拉奶酪碎100克｜洋葱30克｜火腿30克
黑橄榄5颗｜红酱20克

做法见P15

烹饪秘籍

这道比萨的主料都是蔬菜，蔬菜不仅可以和红酱进行搭配，青酱或者白酱都可以，再根据自己的口味适当增加盐的用量即可。

做法

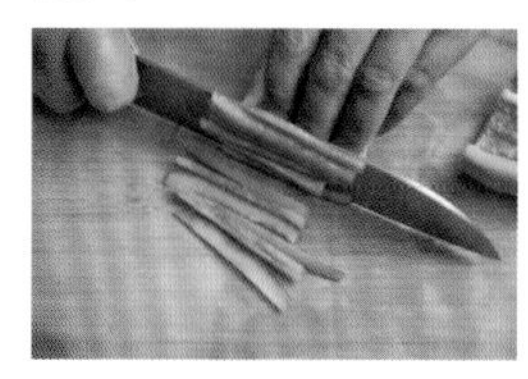

1 青椒、红椒、黄椒洗净，分别斜切成丝，备用。

2 洋葱洗净，切成细丝；火腿切成稍微宽一点的条；黑橄榄切片，备用。

3 将饼底放在烤盘上，在饼底上均匀涂抹上红酱。烤箱预热200℃。

4 撒入一半的奶酪碎，将青椒丝、红椒丝和黄椒丝平铺在奶酪上。

5 接着放入洋葱丝、火腿丝、黑橄榄片。

6 再把剩余的奶酪碎撒在馅料上，将烤盘放入预热好的烤箱中层，烘烤15分钟即可。

甜点比萨

榴芒双拼比萨

45分钟 中等

特色

榴莲简直是一种神奇的存在，喜欢它的人欲罢不能，闻起来臭可吃起来就是这么香！在比萨店吃的榴芒比萨馅料往往都少得可怜，在家就可以好好地满足自己！

主料

厚底比萨皮1张 | 榴莲果肉150克 | 芒果80克

做法见P22

辅料

香甜口味沙拉酱2汤匙 | 马苏里拉奶酪碎100克
玉米粒（罐头）20克

烹饪秘籍

在烘烤比萨时，最好在一旁盯着，看到奶酪呈现理想的颜色，立即关火拿出，奶酪烤的时间过长，会影响拉丝的效果。

做法

1 将榴莲果肉捣碎成泥，放入碗中备用。

2 芒果去皮，去核，切成方丁，备用。

3 将饼底放在烤盘上，在饼底上均匀涂抹沙拉酱。

4 将榴莲果肉均匀抹在沙拉酱上，并撒入芒果丁。

5 接着撒入奶酪碎，再撒入玉米粒。烤箱预热200℃。

6 将比萨放入预热好的烤箱中层，上下火200℃烘烤10分钟左右，看到奶酪呈微微焦黄色，即可拿出。

country
Oil

最鲜甜的美味

鲜果奶酪比萨

20分钟　简单

特色

香蕉含有的独特成分能缓解心理压力，因此被誉为“开心水果”，工作压力大的时候，给自己来一道这样的比萨吧，美食，真的可以治愈人心。

主料

香蕉1根 | 糖水黄桃50克
厚底比萨皮1张

做法见P22

辅料

香甜口味沙拉酱2汤匙
马苏里拉奶酪碎100克 | 肉桂粉少许

做法

1 烤箱预热200℃。将香蕉剥皮，切成厚片。黄桃切成1厘米见方的丁。

2 将饼底放在烤盘上，在饼底上均匀涂抹上沙拉酱。

3 将香蕉片和黄桃丁码放在沙拉酱上，再撒入少许肉桂粉。

4 最上面撒奶酪碎。然后将烤盘放入预热好的烤箱中，烘烤15分钟左右即可拿出。

烹饪秘籍

在家做比萨可以根据自己的喜好选择搭配食材，这道水果比萨最好选用汁水不是特别多的水果品种。喜欢吃榴莲比萨的，可将香蕉替换成榴莲。

进阶比萨

鉴定亲密度的比萨

薯底田园比萨

45分钟　中等

特色

用土豆泥来做比萨底，算是比萨的一种改良做法，因为饼底是土豆泥做的，不太容易成形，很难切块，所以特别适合亲密的朋友们围坐在一起享用。

主料

土豆2个 | 牛奶30毫升 | 黄油20克

辅料

盐1茶匙 | 黑胡椒粉2克 | 马苏里拉奶酪碎150克
培根10片 | 火腿5片 | 冷冻混合蔬菜粒80克
彩椒适量 | 红酱2汤匙

做法见P15

烹饪秘籍

土豆泥比面粉更容易粘，所以下面最好不要垫锡纸。在油纸上涂抹黄油时，要用软化的黄油，这个状态的黄油比较容易涂得厚一些，成品会更香。不要等到黄油化成液体，那样防粘和提香的效果都会变差。

做法

1 土豆去皮，切成小块，放入蒸锅蒸软后取出，碾压成泥，可以不用碾得太碎。

2 土豆泥中加入黄油、牛奶、盐和黑胡椒粉，充分搅拌均匀。

3 在烤盘上铺上一层油纸，抹上一层软化黄油，将土豆泥放在上面，用勺子压成厚度均匀的饼底。

4 培根切成方片，火腿切小片，备用。

5 蔬菜粒冲洗一下，用厨房纸巾吸干水分，以免烤的时候出水。彩椒去蒂、去子，切成小块。

6 烤箱预热180℃，在土豆泥饼底上均匀涂上一层红酱。

7 撒上三分之一的奶酪碎，放上全部食材。在最上面撒上剩余奶酪碎。食材上下都有奶酪碎，馅料和饼底便不易分离。

8 将烤盘放入预热好的烤箱，烘烤10分钟即可。

早餐好选择

吐司培根比萨

15分钟　简单

特色

吃吐司时总是经常抹上一层果酱，吃起来会更适口。但吐司也可以用来做比萨底，省去了发面、和面的步骤，这样的一道小比萨配上一杯牛奶或豆浆，就是一顿非常丰盛又营养的早餐了。

主料

白吐司2片｜培根4片｜鹌鹑蛋2个

辅料

马苏里拉奶酪碎20克｜口蘑10克
什锦蔬菜粒15克｜红酱2茶匙｜黑胡椒碎1茶匙

做法见P15

烹饪秘籍

1. 用瓶盖先压出一个印痕，是为了有凹槽，打进去鹌鹑蛋后，蛋液不会到处流。
2. 也可以根据自己的喜好选择全麦吐司。

做法

1 口蘑洗净，去蒂，切成小丁，备用。

2 将培根改刀切成小块，备用。

3 将吐司放在案板上，借助一个水瓶盖在吐司的最中间压出一个圆印。

4 将红酱均匀涂抹在吐司表面。

5 先将培根片铺在吐司上，避开中间圆印的位置，再在培根上铺上一层奶酪碎。

6 接着铺上口蘑和蔬菜粒，撒上黑胡椒碎，最后盖上一点奶酪碎。烤箱预热190℃。

7 在最中间的塌陷位置，打入一个鹌鹑蛋。将吐司小心放入烤箱中层，烘烤8~10分钟，看到奶酪融化、表面微黄即可。

满目斑斓

花边香肠比萨

70分钟　复杂

特色

其实这道比萨的制作方法并不难，麻烦的只有饼底。但是掌握好了它的步骤和程序，就没那么繁琐了。做好的花边香肠比萨，像极了盛开的向日葵，朋友聚会时端上餐桌，一定会收获很多夸赞吧。

主料

高筋面粉200克｜牛奶120毫升｜绵白糖10克
酵母3克｜盐1克

辅料

食用油少许｜香肠3根｜马苏里拉奶酪碎120克
芒果1个｜红酱2汤匙｜熟虾仁10只

做法见P15

烹饪秘籍

在比萨饼皮的最外圈刷上清水，可以让香肠卷同饼皮更牢靠地粘在一起。

做法

1 将主料中的全部材料一同放入面包机，完成一个和面过程。

2 将揉好的面团盖上湿布或者保鲜膜，醒发15分钟。在等待面团发酵时，将芒果去皮、去核，切成厚片。

3 将发酵好的面团揉成光滑的面团，切下三分之一的面团备用，剩余三分之二的面团用擀面杖擀成一个圆饼。

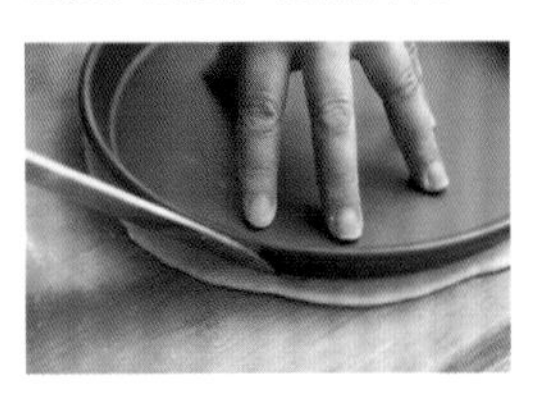

4 将干净的比萨盘放在圆形面饼上，沿盘底边缘用小刀切下多余的面饼，然后将切割好的面饼放入刷了油的比萨盘中。

5 将备用面团同切下的多余面团混合在一起，成为一个新的面团，用擀面杖擀成一个长条面饼（宽度以能裹住香肠为准），将香肠放入卷起，香肠卷静置10分钟。

6 用刀将香肠卷切成长为2厘米的小段；然后用刷子蘸上清水在比萨饼边刷一圈。烤箱预热200℃。

7 将香肠卷整齐排列在比萨饼的外圈上，并用叉子在比萨面饼上扎出小孔，均匀刷上红酱。

8 撒上一半的奶酪碎，然后放入芒果片和虾仁，最后铺上剩余的奶酪碎，放入预热好的烤箱中层烤18分钟左右即可。

最经典的味道

萨拉米薄底比萨

50分钟　简单

特色

所谓萨拉米（salami），就是在比萨上最经常出现的那种圆圆薄薄的红色香肠。没烤之前，白色的油脂镶嵌在红色的肉肠里，红白相间。烤过之后油脂融化，整片香肠呈现出透明感，散发着诱人的光泽。

主料

萨拉米肠100克｜薄脆比萨皮1张

做法见P24

辅料

马苏里拉奶酪碎120克｜番茄酱2汤匙｜盐2克
绵白糖1茶匙｜黑胡椒碎1茶匙
意大利混合香料2克｜鸡精1茶匙｜黄油适量

烹饪秘籍

比萨酱可以在最开始就调好，因为混合香料是干燥的，提前调好可以让酱汁的味道混合得更均匀。

做法

1 将冷冻的薄脆比萨饼皮拿出来，在室温下解冻。

2 将番茄酱、绵白糖、黑胡椒碎、意大利混合香料、鸡精和盐一同放入碗中搅拌均匀，调成比萨酱备用。

3 烤箱预热200℃，烤盘上垫上油纸，在油纸上刷一层软化的黄油，让饼底更香更酥脆。

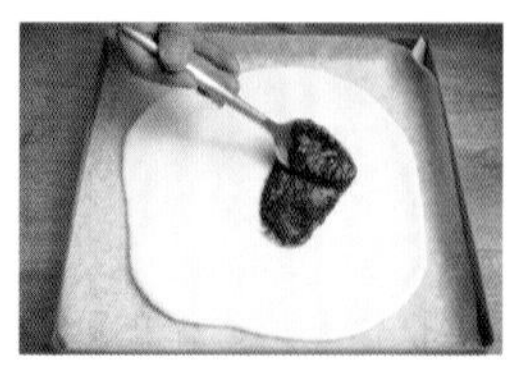

4 将饼底转移到烤盘上，在饼上涂一层做好的比萨酱。

5 取一半的马苏里拉奶酪碎，均匀撒在饼底上。在奶酪上铺上一层萨拉米肠。

6 再铺上剩余的奶酪碎。将烤盘放入烤箱中层。保持温度，烘烤10~15分钟即可。

切开有惊喜

番茄肉酱饺

25分钟　简单

特色

只要学会比萨饼底的制作，其实可以换着花样做出多种美食，烹饪就是要学会不拘一格。

主料

高筋面粉60克｜低筋面粉15克｜白糖8克
干酵母1克｜盐1克｜橄榄油5毫升

辅料

鸡蛋2个｜经典肉酱200克｜奶酪碎适量

做法见P18

烹饪秘籍

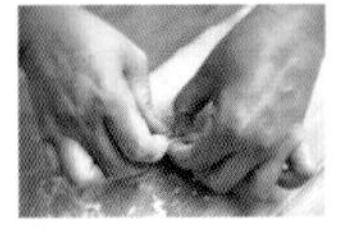

因为面团中添加了酵母，在发酵过程中会让面饼组织预热变得膨胀和松软，所以饼皮边缘一定要压紧，防止烤制过程中，面饼和馅料发生分离的现象。

做法

1 将主料中的全部材料及50毫升清水一起放进面包机中，完成一个和面过程。

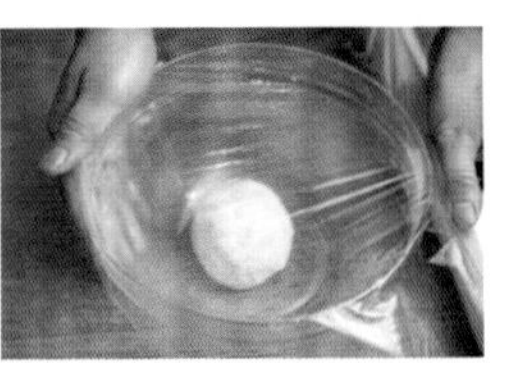

2 将揉好的面团盖上保鲜膜，醒发15分钟。

3 将醒发后的面团用擀面杖擀成直径约20厘米的圆饼。

4 将鸡蛋磕入碗中，搅打成均匀的鸡蛋液。

5 将面皮先从中间轻轻对折一下，将比萨皮分成两个部分。

6 将肉酱均匀放在比萨一侧的饼皮上，撒上奶酪碎。烤箱预热200℃。

7 在面皮边缘刷上鸡蛋液，将面皮对折，边缘压紧，并将边缘折成花边状。

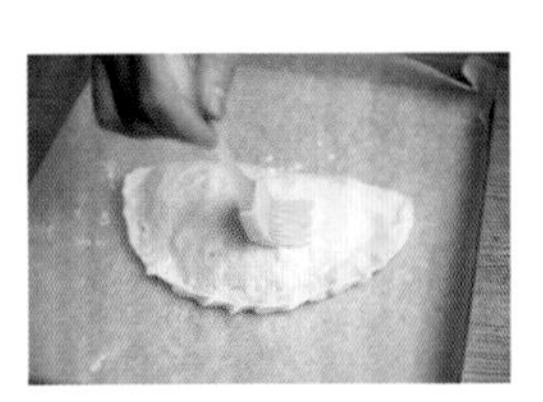

8 外表再刷上一层鸡蛋液，放入烤箱中烘烤至面皮成金黄色，中间膨胀即可。

火辣墨西哥

红椒牛肉米饼比萨

40分钟　复杂

特色

剩余的米饭并非只能拿来做蛋炒饭，稍微花点心思，就能变身成为特别的米饼比萨，不需要花太多时间，却能为餐桌多添一份惊喜。

主料

白米饭200克 | 牛里脊80克

辅料

料酒1汤匙 | 淀粉1/2茶匙 | 白胡椒粉1/2茶匙
大蒜3瓣 | 红椒50克 | 马苏里拉奶酪碎60克
橄榄油10毫升 | 墨西哥风情辣酱1汤匙

做法见P21

烹饪秘籍

最好选用隔夜的剩米饭，但是保存剩饭一定要盖好保鲜膜，放入冰箱冷藏，使用时提前半小时从冰箱拿出回温。

做法

1 将牛肉洗净，沿着纹路切成薄片，放入碗中。

2 碗中加入料酒、淀粉、白胡椒粉，同牛肉一起抓拌均匀，腌制15分钟。

3 大蒜去皮、切片；红椒洗净，切成细丝，备用。

4 将米饭用筷子拨散，不要有结块。

5 炒锅烧热，倒入橄榄油，下入蒜片炒出香味，下入腌制好的牛肉迅速滑炒至牛肉变色。

6 接着加入辣酱和红椒丝翻炒，炒到红椒变软关火，盛出备用。

7 另起平底锅烧热，锅底涂抹薄薄的一层油，将米饭借助勺子辅助，规整成为两个圆形的米饼，码放上炒好的红椒牛肉。

8 铺上马苏里拉奶酪碎，盖上锅盖，小火加热，看到奶酪完全融化时，关火，打开锅盖即可。

装在口袋里跟你走

孜然羊肉皮塔饼

120分钟　复杂

特色

这是一种源于中东的小圆饼。扁扁的面片在烤箱中越涨越大，直到涨成一个圆乎乎、中空的小球，看着跟一个个小口袋似的，所以，这种饼还叫做“口袋面包”，中间夹上美味的孜然羊肉，这也是比萨另一种形式的呈现吧。

主料

高筋面粉220克｜干酵母5克｜盐5克｜绵白糖10克｜黄油10克

辅料

羊腿肉200克｜洋葱50克｜生菜适量
生抽2茶匙｜老抽1茶匙｜孜然粒1茶匙
孜然粉1茶匙｜淀粉2茶匙｜盐少许
食用油10毫升

烹饪秘籍

制作成功的皮塔饼即使冷掉也是柔软的，如果温度降下来之后饼的口感变脆，就说明烘烤时间可能过长，再做的时候要把烤制的时间缩短一些。烤盘一定要预热，温度高才能让饼身鼓起来。

做法

1 高筋面粉中加入100毫升水、干酵母、盐、白糖和黄油，放入面包机中，将面揉到能拉出大片筋膜的程度。

2 将揉好的面团整理成圆，盖上保鲜膜，放在温暖处发酵到2倍大。

3 羊腿肉洗净切条，洋葱切粗条。羊肉中加入老抽、生抽、孜然粉、孜然粒、淀粉和适量盐，抓拌均匀。

4 中火加热平底锅，放入适量油，下羊肉条和洋葱条翻炒到羊肉变色，盛出待用。

5 将发好的面团取出，按压排气，平均分成6份，每份揉圆，盖上保鲜膜，松弛15分钟。

6 烤盘上刷适量油，放入烤箱，烤箱230℃预热。将松弛好的面团擀成直径约12厘米的圆饼。

7 擀好的圆饼放入预热好的烤箱，快速关上门，烤到圆饼鼓起，继续烘烤半分钟。

8 烤好的皮塔饼取出，切开口，塞入炒好的洋葱羊肉和洗净的生菜即可。

一片冰心在饼中

奥尔良烤鸡芝心比萨

120分钟　简单

特色

这道比萨献给酷爱奥尔良风味的同学们。鸡肉吃起来富有胶质，肉汁丰富；拿起一块烤好的比萨，拉丝的奶酪让人看了就十分开心。

主料

鸡琵琶腿2个 | 芝心比萨皮1张

做法见P26

辅料

奥尔良烤翅调料25克 | 生抽1汤匙
干迷迭香碎1茶匙 | 橄榄油1汤匙 | 黑橄榄6颗
青椒50克 | 红椒50克 | 洋葱50克
马苏里拉奶酪碎120克 | 红酱20克

做法见P15

烹饪秘籍

菜谱中用到了容易买的干迷迭香，为了让它的味道充分融合到鸡肉中，要在鸡肉上扎出小眼，方便更好地入味。

做法

1 将鸡肉从腿骨上剔下来，去掉鸡皮和白筋，并用竹签在表面多扎几下，放入碗中。

2 加入奥尔良烤翅料、干迷迭香碎，橄榄油和生抽，同鸡肉拌匀，盖上保鲜膜，放冰箱冷藏腌制1小时以上。

3 青椒、红椒洗净，分别切细丝；洋葱洗净，切细丝；黑橄榄切片备用。

4 平底锅烧热，将腌制好的鸡肉放入锅中煎制，小火煎至两面金黄盛出。

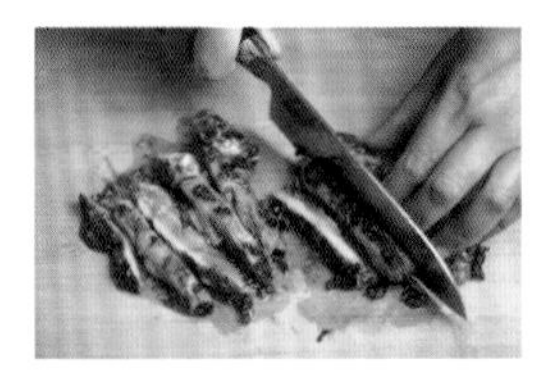

5 让煎好的鸡肉稍微冷却，改刀切成长条。烤箱预热200℃。

6 将饼底放在烤盘上，在饼底上均匀涂抹上红酱，撒入一半的奶酪碎。

7 依次铺入鸡肉条、青红椒丝、洋葱丝和黑橄榄。

8 再把剩余的奶酪碎撒在馅料上，将烤盘放入烤箱中，烘烤约10分钟至奶酪融化即可。

饺子皮巧变身

迷你比萨

25分钟　简单

特色

饺子皮竟然也能拿来做比萨？对的，发挥你的想象力吧，迷你的造型，鲜艳的色彩，能否打动你的心呢？

主料

新鲜饺子皮8张｜鸡胸肉80克

辅料

马苏里拉奶酪碎40克｜黄油10克｜盐少许
大蒜3瓣｜法式芥末奶油酱20克｜叶生菜30克

做法见P21

烹饪秘籍

除了用烤箱烤制，也可以用平底锅，在锅底刷上薄薄一层油，将饺子皮比萨放入锅中小火煎熟。

做法

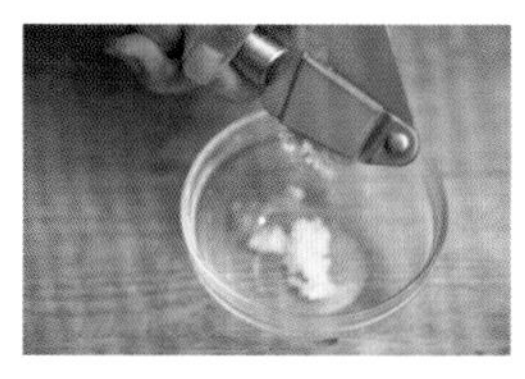

1 烤箱预热180℃；大蒜去皮、压成泥。

2 黄油用微波炉加热10秒钟化成液体。

3 蒜泥倒进融化的黄油中，加少许盐拌匀。

4 鸡胸肉切小块，煮至熟透，捞出沥干后剁成肉蓉，加入芥末奶油酱拌匀。

5 将饺子皮整齐摆放在烤盘上，上面刷上一层黄油蒜泥。

6 将叶生菜洗净去根，切成细丝，与鸡肉蓉拌匀，涂抹在饺子皮上。

7 撒上奶酪碎，放入烤箱，中火烤制10分钟左右至奶酪融化即可。

满足味蕾，星级享受

法棍迷你比萨

25分钟　简单

特色

大蒜与法棍，金枪鱼与牛油果，都是盛名在外的完美组合。以简单的食材做出最和谐的搭配，再增添奶酪碎，米其林大厨就是你。

主料

法棍50克｜金枪鱼罐头40克｜牛油果1/2个

辅料

马苏里拉奶酪碎40克｜黑胡椒碎2克｜大蒜3瓣
黄油10克｜盐少许

烹饪秘籍

在这道菜品中，因为牛油果要压碎，所以最好选择完全成熟的牛油果。

做法

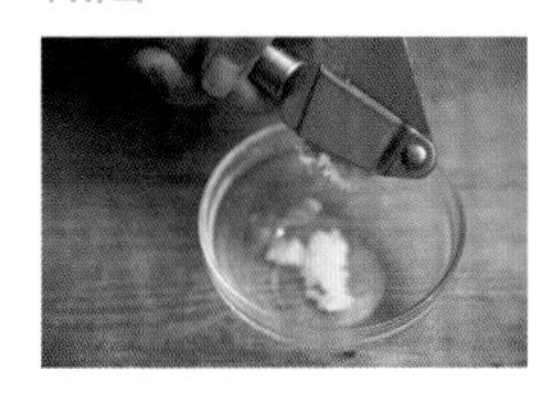

1 大蒜洗净、去皮，用压蒜器压成蒜泥。

2 黄油用微波炉加热10秒钟化成液体。

3 将蒜泥倒进化好的黄油里，加少许盐拌匀。

4 将法棍斜切成1厘米的厚片。

5 将牛油果沿中线切开，去除果核，取出果肉用勺子捣碎成泥状，倒入蒜泥黄油中。

6 接着加入金枪鱼罐头，搅拌均匀。烤箱预热200℃。

7 将牛油果金枪鱼泥均匀涂抹在法棍上，再铺上奶酪碎，撒入黑胡椒碎。

8 放入预热好的烤箱中，中层烤制10分钟至奶酪融化即可。

一整盘的满足

宫保虾球芝心比萨

50分钟　复杂

特色

如果说宫保虾球是全世界人民都会喜欢的中国菜，那么宫保汁就是全世界人民都喜欢的“中国味”。辣中带甜、甜中有辣的宫保汁用来作为比萨饼底的酱汁，味道相当美妙。

主料

新鲜大虾12只 | 芝心比萨皮1张

做法见P26

辅料

料酒1汤匙 | 白胡椒粉1茶匙 | 生抽10毫升
白糖2茶匙 | 香醋1茶匙 | 水淀粉10克 | 香油1茶匙
葱末5克 | 姜末5克 | 蒜末5克 | 干辣椒段5克
郫县豆瓣酱10克 | 马苏里拉奶酪碎100克
盐少许 | 食用油10毫升

烹饪秘籍

宫保汁最好事先调好，这样避免在炒制过程中一味味地添加调料，不仅浪费时间，而且虾仁还会因为炒得过久而口感老化。

做法

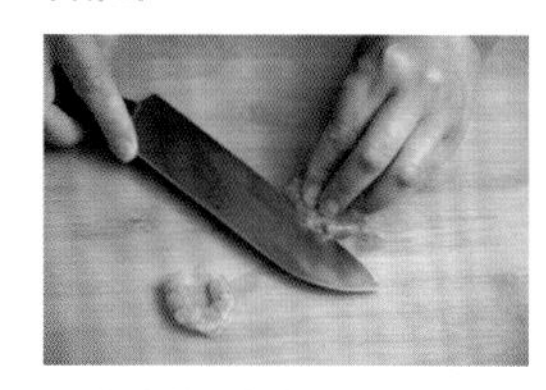

1 将大虾洗净，开背，去头、去尾、去虾线，放入碗中。

2 碗中加入料酒和白胡椒粉，同虾肉抓拌均匀，腌制15分钟。

3 将生抽、白糖、香醋、水淀粉、盐、香油一同倒入小碗中，混合成宫保汁备用。

4 起锅烧热油，油温升至六成热时，下入葱姜蒜末和干辣椒段煸炒出香味。

5 接着下入郫县豆瓣酱，小火煸炒出红油，随后下入腌制好的虾仁迅速炒散。

6 炒至虾仁断生时，加入宫保汁翻炒，让料汁包裹住虾球，再翻炒几下让汤汁尽可能变黏稠，关火。

7 在饼底上撒入一半的奶酪碎，烤箱预热200℃。

8 将炒好的宫保虾球平铺在饼底上，再撒上剩余的奶酪碎。将烤盘放入烤箱中层，烘烤约10分钟至奶酪融化即可。

饼身先行

香酥虾花边比萨

70分钟　复杂

特色

这道比萨简直就是视觉上的盛宴！面包糠包裹的炸虾外酥里嫩，色泽金黄，就算是不吃虾的固执派，见到它也难以抵抗。和花边比萨饼皮搭配在一起，颜值味道都是满分。

主料

高筋面粉200克｜牛奶120毫升｜绵白糖10克
酵母3克｜盐1克｜新鲜大虾8只

辅料

香肠3根｜料酒1汤匙｜白胡椒粉1/2茶匙｜盐少许
面粉适量｜鸡蛋1个｜面包糠适量
马苏里拉奶酪碎120克｜什锦蔬菜粒60克
食用油适量｜红酱2汤匙

做法见P15

烹饪秘籍

为了防止炸的时候虾身会弯曲，所以在处理大虾的时候要将虾筋拍断。为了让成品出炉更美观，可以将炸好的大虾稍微用力按压在饼底上。

做法

1 将花边比萨饼皮按照本章“花边香肠比萨”菜谱中的步骤1~6做好。

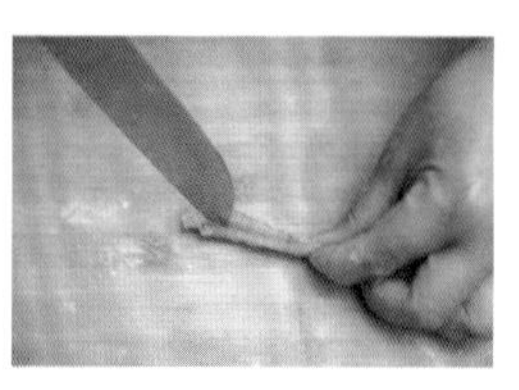

2 新鲜大虾洗净，去掉虾头，去皮，挑出虾线。在虾肚子上轻划几刀，虾背朝上放在案板上，用刀稍稍用力拍几下大虾的身体。

3 将处理好的大虾放入碗中，加入料酒、白胡椒粉和盐。

4 鸡蛋打散成鸡蛋液。将腌制好的大虾依次裹上面粉、鸡蛋液和面包糠。

5 锅中加入适量食用油，将大虾放入锅中，中火炸至金黄色，捞出沥干油分。

6 将香肠卷整齐排列在比萨饼的外圈上，并用叉子在比萨面饼上扎出小孔，均匀刷上红酱。

7 在饼底上铺上一半奶酪碎，接着撒入什锦蔬菜粒。烤箱预热200℃。

8 将炸好的大虾虾尾朝上，整齐摆放，再撒入剩余的奶酪碎，进入烤箱中层烤至奶酪融化即可。

有内涵的比萨

蛋饼比萨

25分钟　简单

特色

对于早上会睡懒觉的人来说，早饭太单调，中饭太油腻，来个简单的早午餐才好。高蛋白、低碳水化合物的一锅出料理，简单又快捷。

主料

鸡蛋4个 | 面粉40克

辅料

料酒10毫升 | 黄油少许 | 火腿50克 | 洋葱1/2个
青椒30克 | 红椒30克 | 马苏里拉奶酪碎70克

烹饪秘籍

1. 搅打蛋液时加入料酒可以去除鸡蛋本身带有的腥味。
2. 锅盖最好是透明的，焖的过程中蛋会涨起，这时就要注意调整时间。

做法

1 将鸡蛋打入碗中，搅散成质地均匀的鸡蛋液。

2 加入面粉和料酒，搅拌成没有颗粒的面糊，备用。

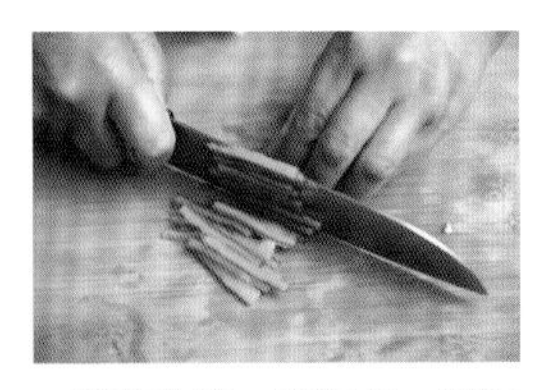

3 洋葱洗净，切细丝；青红椒分别洗净、切丝；火腿改刀切成粗一点的条，备用。

4 平底锅烧热，锅底均匀涂抹上黄油。

5 将面糊倒入平底锅中，迅速将锅转一圈，使面糊均匀摊成一个圆形。

6 大约30秒后关火，依次铺上火腿条、洋葱丝、青红椒丝，最后均匀撒上奶酪碎。

7 将锅盖盖上，开小火，焖3分钟左右，看到奶酪融化即可关火。

能当零食吃

番茄奶酪薄底比萨

50分钟　中等

特色

有时候会突然想吃比萨，但是又等不及发酵面团；或者想吃比萨的时候又担心长胖。这时候不妨试试薄底比萨，制作快捷又低热量。

主料

高筋面粉60克｜低筋面粉40克｜绵白糖15克
泡打粉4克｜牛奶70毫升

辅料

马苏里拉奶酪碎100克｜番茄1个｜大蒜3瓣
橄榄油2茶匙｜意大利混合香料1茶匙
黑胡椒碎1茶匙｜红酱2汤匙

做法见P15

烹饪秘籍

因为这道比萨吃的就是一个饼底香脆，所以面团不需要进行发酵。

做法

1 将主料中除了牛奶的所有材料放入盆中，充分混合。

2 分几次加入牛奶，用筷子搅拌到没有干粉。和面最开始不要用手，这时的面粉很黏，容易粘得满手都是。

3 接着换手揉成光滑的面团。

4 将面团移到面板上。撒一些干面粉防粘，用擀面杖将面团擀成直径22厘米的均匀圆片。

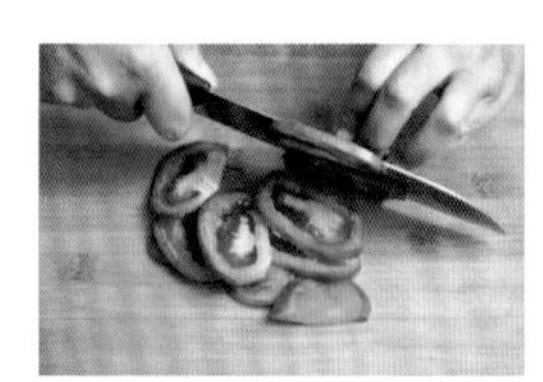

5 烤箱预热200℃。将番茄洗净，对半切开，切成半月形的厚度为5毫米的片状；大蒜去皮，切成蒜粒，与橄榄油混合拌匀。

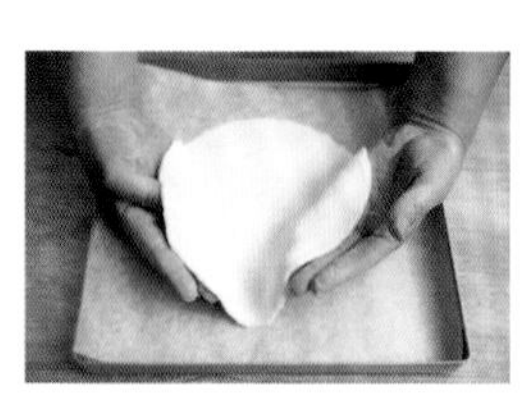

6 将擀好的面片放在铺了油纸的烤盘上。

7 将红酱均匀地涂抹在饼底上，铺满奶酪碎。

8 码上番茄片，撒入蒜粒橄榄油、黑胡椒碎和混合香料，放入烤箱中烘烤15分钟左右即可。

最爱那一口甜蜜

水果酸奶比萨

260分钟　简单

特色

冷冻的酸奶水果已经让人司空见惯了，但是漂亮的“水果比萨”还是凤毛麟角，只不过借助了比萨盘，就能创造出一道有新意的料理。多种颜色鲜艳的水果在一起搭配，又大大提升了它的颜值。

主料

自制原味酸奶300克

辅料

蓝莓50克｜芒果1个｜猕猴桃1个｜红火龙果50克
黄桃罐头50克｜蜜豆30克｜菠萝50克｜蜂蜜适量
盐少许

烹饪秘籍

脱模之后再去掉保鲜膜，切割时不要用刀来回切，掌握好力度一刀切下去，然后食用的时候淋上蜂蜜就可以。

做法

1 取一个合适大小的比萨盘，上面盖上一层保鲜膜，保鲜膜稍微长一点，四周可以留出多余的部分。

2 倒入酸奶，轻轻振一下，尽量做到薄厚均匀。

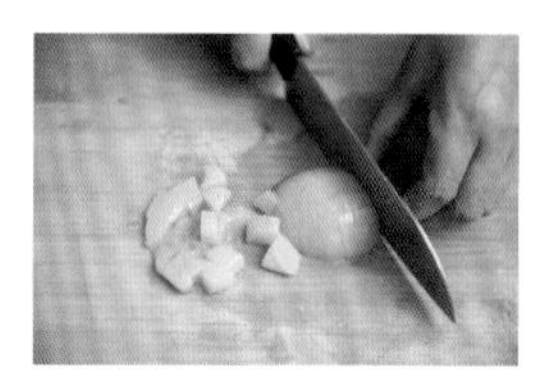

3 蓝莓洗净；芒果去皮、去核，切成小块；黄桃切成小块。

4 猕猴桃洗净、去皮，切成丁；挖出红火龙果的果肉，切成小块。

5 菠萝挖出果肉，切成小块，放入淡盐水中浸泡片刻，捞出沥干水分。

6 按照自己喜欢的方式将所有水果和蜜豆均匀码放在酸奶上，摆好以后轻轻振一下。

7 表面覆盖一层保鲜膜，放入冰箱中冷冻至少4小时。

8 取出冷冻好的水果比萨，表层保鲜膜先不要揭掉，一手托住顶部将比萨盘倒扣过来，用自来水冲洗一下比萨盘底部，就可以完美脱模。食用时淋上蜂蜜即可。

有格调的比萨

肉桂苹果比萨

90分钟　简单

特色

肉桂和苹果搭配在一起，气味会很特别，甜中又带着淡淡的桂皮味，香气浓郁，回味悠长。朗姆酒的加入更让这道比萨多了一点酒香，几种香味混合在一起，散发着酷酷的味道。

主料

无盐黄油60克｜细砂糖40克｜蛋黄1个
香草精2克｜低筋面粉120克｜杏仁粉20克
苹果2个

辅料

黄油少许｜朗姆酒2汤匙｜柠檬汁1茶匙
肉桂粉1茶匙｜绵白糖15克｜鸡蛋液60克
淡奶油50毫升｜薄荷叶适量｜盐少许

烹饪秘籍

1. 这是一道另类比萨，杏仁粉的加入会让派皮更酥软、更香。
2. 烤派皮时，可以铺一层油纸，压上派石，防止烘烤时派皮鼓起。
3. 烤好的派皮要彻底晾凉后才容易脱模。

做法

1 无盐黄油室温软化，加入细砂糖、蛋黄和香草精，搅打至完全融合。

2 低筋面粉和杏仁粉筛入黄油糊中，用刮刀翻拌至没有干粉，再揉成光滑面团，压扁，用保鲜膜包紧，冷藏1小时。

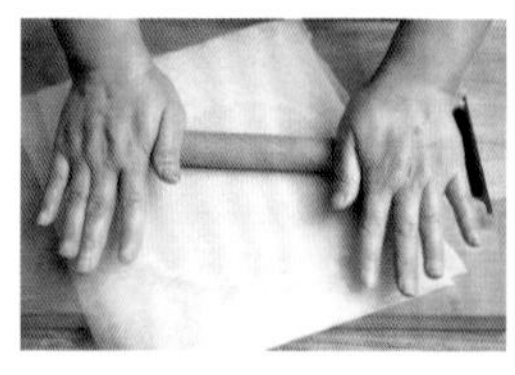

3 取出冷藏好的面团，隔着保鲜膜擀开成面积略超过派盘的大片。

4 去掉表面保鲜膜，将派盘扣放，下压，切割面团。将派盘翻过来，整形派皮使其贴合模具。上铺油纸，压上派石。

5 烤箱预热175℃，将派盘放进烤箱中下层，烘烤15分钟后去掉油纸和派石，继续烤10分钟，至派皮变成浅黄色时取出晾凉。

6 等待派皮冷却的过程中做苹果馅。苹果洗净，去皮，去子，切成月牙状，放入淡盐水中浸泡备用。

7 平底锅中抹少许黄油，加热后放入苹果，接着加入朗姆酒、柠檬汁、肉桂粉和绵白糖，以小火慢慢煮至苹果焦香浓稠，关火。

8 将煎好的苹果均匀摆放在派皮上面。烤箱预热200℃。

9 将鸡蛋液和淡奶油混匀均匀，倒入苹果派皮中，露出的苹果要用刷子轻轻刷上一层奶油液。

10 将苹果派皮放入烤箱中层烘烤10分钟，拿出。晾凉，点缀上薄荷叶即可。

"改良"经典

玛格丽特比萨

25分钟　简单

特色

玛格丽特比萨是那不勒斯比萨的当家之作，主要以红番茄、白奶酪、绿色的罗勒为馅料，搭配出来的颜色就像意大利国旗一样。突然想吃这道料理却又懒癌犯了怎么办？就地取材吧，不妨脑洞开大一点，用最常见的手抓饼做饼底，不求正宗，喜欢就好。

主料

手抓饼2张｜圣女果150克｜罗勒叶适量

辅料

马苏里拉奶酪碎100克
黑胡椒碎2茶匙｜红酱2汤匙

做法见P15

烹饪秘籍

玛格丽特比萨是传承很久的经典比萨，这道菜谱经过了改良，利用现成的手抓饼来代替饼皮，更加方便快捷。也可以根据自己喜欢的口味自行搭配各种酱汁和食材。

做法

1 将圣女果洗净，对半切开；罗勒叶洗净，沥干水分备用。

2 平底锅烧热，放入手抓饼，小火煎至两面金黄，煎的过程中注意保持手抓饼的完整性。

3 将成熟的手抓饼放在案板上，均匀涂抹上红酱。

4 放上对半切开的圣女果，烤箱预热180℃。

5 接着撒上马苏里拉奶酪碎和罗勒叶，撒入黑胡椒碎。

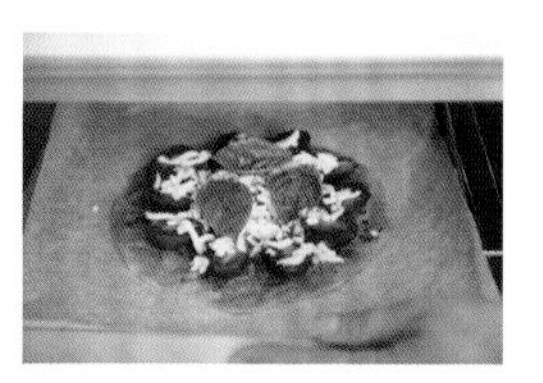

6 放入烤箱中烘烤10分钟左右至奶酪软化即可。

特色

棉花糖好吃又好玩，刚出炉的棉花糖软绵绵的，那种触感真的很奇妙。底层的酱料和表面的淋酱都可以随自己的喜好变化。可以拿来当早餐，做下午茶似乎也非常合适。

主料

厚底比萨皮1张

做法见P22

辅料

原味棉花糖40克｜花生酱1汤匙
巧克力酱少许

烹饪秘籍

棉花糖表面遇热很容易发生焦化，所以烤制时间不能过长。

进阶版甜点

棉花糖比萨

25分钟　简单

做法

1 将比萨饼皮拿出，在室温下解冻，烤箱预热170℃。

2 将饼皮先放入烤箱中层，烘烤8分钟左右至面饼八成熟，拿出。

3 将花生酱均匀涂抹在烘烤过的比萨底上。

4 将棉花糖整齐均匀地码放在饼底上，入烤箱以170℃烘烤5分钟左右，当看到棉花糖表面微微发焦，即可拿出。

5 淋入适量的巧克力酱，即可食用。

SABA's KITCHEN

萨巴厨房™

系列图书

吃出健康系列

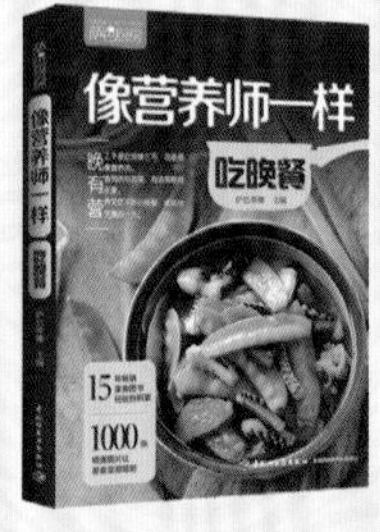

懒人下厨房系列

家常美食系列

图书在版编目（CIP）数据

萨巴厨房. 意面和比萨 / 萨巴蒂娜主编 . — 北京：中国轻工业出版社，2019.4

ISBN 978-7-5184-2381-1

Ⅰ . ①萨… Ⅱ . ①萨… Ⅲ . ①菜谱 ②面食 – 食谱 – 意大利 Ⅳ . ①TS972.12 ②TS972.132

中国版本图书馆 CIP 数据核字（2019）第 029297 号

责任编辑：高惠京　　责任终审：劳国强　　整体设计：锋尚设计
策划编辑：龙志丹　　责任校对：李　靖　　责任监印：张京华

出版发行：中国轻工业出版社（北京东长安街6号，邮编：100740）
印　　刷：北京博海升彩色印刷有限公司
经　　销：各地新华书店
版　　次：2019年4月第1版第1次印刷
开　　本：720 × 1000　1/16　印张：12
字　　数：200千字
书　　号：ISBN 978-7-5184-2381-1　定价：49.80元
邮购电话：010-65241695
发行电话：010-85119835　传真：85113293
网　　址：http://www.chlip.com.cn
Email：club@chlip.com.cn
如发现图书残缺请与我社邮购联系调换
181099S1X101ZBW